女内衣材料与设计

邓咏梅 主编　吴晶　贠秋霞 副主编

东华大学出版社·上海

全国服装工程专业（技术类）精品图书

纺织服装高等教育「十二五」部委级规划教材

内 容 提 要

　　本书系统地介绍了女内衣的概念、分类和特性,女内衣常用纤维和纱线的种类结构及其服用特性,女内衣用针织物、机织物和非织造织物的组织结构、服用特性、常用品种及其适用的内衣种类,女内衣用蕾丝、绳带、刺绣等装饰物的特点及其适用的内衣种类,以及衬垫料、定形料、系扣材料、缝纫线等辅料的特点、选用原则及其适用的内衣种类;在材料知识体系的基础上,本书还介绍了基础内衣、保暖内衣、调整内衣、运动内衣、家居服等内衣的典型造型,阐述了面辅料在内衣设计实现中的选用特点;最后,介绍了女内衣的选购和保养方法。本书包含的女内衣用材料知识体系完整,并将材料知识与女内衣的设计应用紧密结合,既有利于读者系统学习女内衣材料知识,又可指导读者根据设计来正确选用材料,实现女内衣设计的功能性、审美性和社会性要求,理论和实践价值兼顾。

　　本书可作为高等服装院校和职业技术教育学校的内衣专业和服装专业教材,也可供内衣企业技术人员和内衣爱好者阅读和参考。

图书在版编目(CIP)数据

女内衣材料与设计/邓咏梅主编. —上海:东华大学
出版社,2015.1
ISBN 978 - 7 - 5669 - 0388 - 4

Ⅰ.①女… Ⅱ.①邓… Ⅲ.①女服—内衣—材料②
女服—内衣—服装设计 Ⅳ.①TS941.717.9

中国版本图书馆 CIP 数据核字(2013)第 264181 号

责任编辑:张　静
封面设计:潘志远

女内衣材料与设计

邓咏梅　主编

出　　　　版:东华大学出版社(地址:上海市延安西路 1882 号)
邮 政 编 码:200051　电话:(021)62193056
出版社网址:http://www.dhupress.net
天猫旗舰店:http://dhdx.tmall.com
发　　　　行:新华书店上海发行所发行
印　　　　刷:苏州望电印刷有限公司
开　　　　本:787mm×1092mm　1/16
印　　　　张:11.5
字　　　　数:288 千字
版　　　　次:2015 年 1 月第 1 版
印　　　　次:2019 年 8 月第 2 次印刷
书　　　　号:ISBN 978—7—5669—0388—4
定　　　　价:33.00 元

全国服装工程专业（技术类）精品图书编委会

郑小飞　杭州职业技术学院达利女装学院

侯东昱　河北科技大学纺织服装学院

高亦文　河南工程学院服装学院

吴　俊　华南农业大学艺术学院

闵　悦　江西服装学院服装设计分院

陈东升　闽江学院服装与艺术工程学院

杨佑国　南通大学纺织服装学院

史　慧　内蒙古工业大学轻工与纺织学院

孙　奕　山东工艺美术学院服装学院

王　婧　山东理工大学鲁泰纺织服装学院

朱琴娟　绍兴文理学院纺织服装学院

康　强　陕西工业职业技术学院服装艺术学院

苗　育　沈阳航空航天大学设计艺术学院

李晓蓉　四川大学轻纺与食品学院

傅菊芬　苏州大学应用技术学院

周　琴　苏州工艺美术职业技术学院服装工程系

王海燕　苏州经贸职业技术学院艺术系

王　允　泰山学院服装系

吴改红　太原理工大学轻纺工程与美术学院

陈明艳　温州大学美术与设计学院

吴国智　温州职业技术学院轻工系

吴秋英　五邑大学纺织服装学院

穆　红　无锡工艺职业技术学院服装工程系

肖爱民　新疆大学艺术设计学院

蒋红英　厦门理工学院设计艺术系

张福良　浙江纺织服装职业技术学院服装学院

鲍卫君　浙江理工大学服装学院

金蔚荭　浙江科技学院艺术分院

黄玉冰　浙江农林大学艺术设计学院

陈　洁　中国美术学院上海设计学院

刘冠斌　湖南工程学院纺织服装学院

李月丽　盐城工业职业技术学院艺术设计系

徐　仂　江西师范大学科技学院

金　丽　中国服装设计师协会技术委员会

随着经济发展和社会进步，我国人民对生活质量的要求不断提高。近十年来，内衣行业迅猛发展便是这种需求的体现。与常规服装相比，内衣的材料、设计、工艺、设备、功能性和审美性都具有很强的独特性。内衣行业和高等院校都认识到内衣专门人才培养的重要性和迫切性。西安工程大学设置了国内第一个内衣专业，其他服装类高等院校在教学中也增加了内衣的相关内容。随着内衣高等教育和职业教育的发展，内衣方面的专业教材逐年丰富，但专门阐述内衣材料与设计规律和应用的教材依然缺乏。经过多年的内衣教学积累和内衣企业生产实践，现由四所院校的教师组成编写组，共同编写了这本《女内衣材料与设计》教材。

本书共分八章。第一章介绍内衣的概念、分类、特性、历史和发展趋势；第二章讲述纤维分类和特性，纱线分类、结构和特性；第三章分析针织物的概况、结构特征、性能特征、常用纬编针织物和经编针织物的品种及其应用；第四章阐述机织物概况、组织结构和特性、常用机织物品种及其应用、非织造织物的分类、特性及其应用；第五章介绍内衣用蕾丝、绳带、刺绣等装饰物的分类、特点及其应用；第六章介绍衬垫料、定形料、系扣材料、缝纫线等辅料的特点和选用原则；第七章阐述基础内衣、保暖内衣、调整内衣、运动内衣、家居服的造型与选材；第八章阐述内衣的选购和保养方法。

《女内衣材料与设计》编写工作分工为：西安工程大学服装与艺术设计学院邓咏梅教授编写第一章、第三章、第四章、第六章、第八章第一节；四川大学轻纺与食品学院吴晶副教授编写第七章、第八章第二节和第三节；陕西工业职业技术学院服装工程学院贠秋霞副教授编写第二章；绍兴文理学院纺织服装学院徐蓉蓉讲师编写第五章。全书由邓咏梅教授统稿。西安工程大学纺织与材料学院刘艳君教授对"经编针织物"部分的编写进行了指导。西安工程大学研究生胡艳琼、刘肖和王思凡，四川大学研究生李红、刘蔚琳和秦诗雯等，参与了绘图、资料查找与文本整理工作。

　　本书可作为高等服装院校和职业技术教育学校的内衣专业和服装专业教材，也可供内衣企业技术人员和内衣爱好者阅读和参考。

编　者

目 录

第一章　绪　论 ·· 001
　　一、女内衣概念和分类 ··· 002
　　二、材料与女内衣的特性 ·· 002
　　三、女内衣材料的历史 ··· 003
　　四、内衣及其材料的发展趋势 ·································· 004
　　思考与练习 ·· 005

第二章　女内衣常用纤维和纱线 ·································· 006
　第一节　纤维分类 ·· 007
　　一、天然纤维 ··· 009
　　二、化学纤维 ··· 011
　　三、新型纤维 ··· 014
　第二节　纤维性能 ·· 020
　　一、外观性能 ··· 020
　　二、耐用性能 ··· 022
　　三、舒适性能 ··· 026
　第三节　纱线 ··· 029
　　一、纱线的分类和结构 ··· 029
　　二、纱线的细度 ·· 035
　　三、纱线品质对女内衣的影响 ·································· 036
　　思考与练习 ··· 038

第三章　女内衣用针织物 ·· 039
　第一节　针织物概述 ··· 040
　　一、针织物的概念和分类 ·· 040

二、针织物的表示方法 ···························· 041

三、针织物的量度 ································ 043

第二节 针织物的结构特征 ···························· 044

一、纬编针织物的结构特征 ···························· 044

二、经编针织物的结构特征 ···························· 047

第三节 针织物的性能特征 ···························· 052

一、外观性能 ································ 052

二、舒适性能 ································ 053

三、耐用性能 ································ 059

四、生产性能 ································ 061

第四节 常用纬编针织物品种 ···························· 062

一、纬平针织物 ······························ 062

二、罗纹针织物 ······························ 062

三、双罗纹针织物 ······························ 062

四、纬编提花织物 ······························ 062

五、纱罗针织物 ······························ 063

六、纬编起绒织物 ······························ 063

七、纬编毛圈织物 ······························ 064

八、柔暖棉毛织物 ······························ 064

第五节 常用经编针织物品种 ···························· 065

一、经平织物 ································ 065

二、经编起绒织物 ······························ 067

三、经编毛圈织物 ······························ 069

四、经编网眼织物 ······························ 070

五、经编提花织物 ······························ 070

六、辛普勒克斯织物 ······························ 071

七、经编花边织物 ······························ 072

八、经编复合织物 ······························ 072

九、经编间隔织物 ······························ 073

思考与练习 ································ 074

第四章 女内衣用机织物和非织造织物 ···························· 075

第一节 机织物概述 ···························· 076

一、机织物的概念和分类 …………………………… 076

二、机织物的量度 …………………………………… 077

第二节　机织物组织结构和特性 …………………… 078

一、机织物组织的基本概念 ………………………… 078

二、基本组织 ………………………………………… 080

三、变化组织 ………………………………………… 081

四、其他组织 ………………………………………… 083

第三节　女内衣常用机织物品种 …………………… 083

一、平纹织物 ………………………………………… 083

二、斜纹织物 ………………………………………… 086

三、缎纹织物 ………………………………………… 087

第四节　女内衣用非织造织物 ……………………… 088

一、非织造织物的分类和特性 ……………………… 088

二、女内衣常用非织造织物 ………………………… 089

思考与练习 …………………………………………… 091

第五章　女内衣常用装饰物 ………………………… 092

第一节　蕾丝 ………………………………………… 093

一、蕾丝概述 ………………………………………… 093

二、蕾丝的分类 ……………………………………… 094

三、蕾丝的组织结构和性能 ………………………… 098

四、女内衣中的蕾丝运用 …………………………… 105

第二节　绳带 ………………………………………… 107

一、绳带概述 ………………………………………… 107

二、带状物的分类和性能 …………………………… 108

三、带状物的组织结构 ……………………………… 113

四、女内衣中的带状物运用 ………………………… 114

五、绳状物分类及组织结构 ………………………… 116

六、女内衣中的绳状物运用 ………………………… 119

第三节　其他 ………………………………………… 119

一、珠片 ……………………………………………… 119

二、烫钻 ……………………………………………… 120

三、金属钉 …………………………………………… 121

四、羽毛 ·· 121

五、贝壳与石材 ···································· 121

六、替换式装饰 ···································· 122

思考与练习 ·· 123

第六章　女内衣常用辅料 ············ 124

第一节　衬垫料 ···································· 125

一、罩杯材料 ······································ 125

二、衬垫 ·· 129

第二节　定形料 ···································· 130

一、钢圈 ·· 130

二、骨类材料 ······································ 131

三、定形纱与软纱 ································ 132

四、捆条和橡筋 ···································· 133

五、定形料的选择原则 ·························· 133

第三节　系扣材料 ································ 133

一、肩带扣 ·· 133

二、钩扣 ·· 133

三、按扣 ·· 134

四、带扣 ·· 134

五、系扣件的选择原则 ·························· 136

第四节　其他 ······································ 137

一、缝纫线 ·· 137

二、内衣产品使用说明标识 ···················· 139

三、花牌 ·· 139

思考与练习 ·· 139

第七章　女内衣造型与选材 ············ 140

第一节　基础内衣的造型与选材 ·············· 141

一、文胸 ·· 141

二、内裤 ·· 143

三、束衣 ·· 145

四、束裤 ·· 146

　　五、基础内衣的选材 ································ 147

　第二节　运动内衣的造型与选材 ···················· 148

　　一、运动文胸 ···································· 149

　　二、泳衣 ·· 150

　　三、运动内衣的面料 ······························ 151

　第三节　保暖内衣的造型与选材 ···················· 152

　　一、基础保暖内衣 ································ 153

　　二、功能性保暖内衣 ······························ 153

　　三、保暖内衣的面料 ······························ 153

　第四节　家居服的造型与选材 ······················ 154

　　一、睡衣 ·· 154

　　二、家居服 ······································ 155

　　三、家居服面料选用 ······························ 156

　思考与练习 ·· 157

第八章　女内衣的选购与保养 ······················ 158

　第一节　内衣的使用说明 ·························· 159

　　一、内衣的纤维含量标识 ·························· 159

　　二、内衣的使用信息标识 ·························· 160

　　三、内衣的洗涤保养标识 ·························· 160

　第二节　女内衣的选购 ···························· 162

　　一、功能需求 ···································· 162

　　二、舒适需求 ···································· 163

　　三、耐用需求 ···································· 163

　　四、文化需求 ···································· 163

　第三节　女内衣的保养 ···························· 164

　　一、女内衣的洗涤 ································ 164

　　二、女内衣的晾晒 ································ 166

　　三、女内衣的存放 ································ 167

　思考与练习 ·· 167

参考文献 ·· 168

第一章

绪　论

教学题目：绪论

教学课时：2 学时

教学目的：

　　了解内衣的概念和分类、女内衣用材料使用特点、女内衣用材料的发展历史和趋势，为女内衣材料的学习做好基础知识铺垫。

教学内容：

　　1. 内衣的概念和分类

　　2. 材料与女内衣特性

　　3. 内衣材料发展历史

　　4. 内衣材料发展趋势

教学方式：

　　辅以教学课件的课堂讲授；课堂讨论；课后查阅关于女内衣材料使用发展状况和发展趋势的资料。

一、女内衣概念和分类

内衣是穿在外衣里面，最贴近人体的服装。内衣的放松量较小，穿着时紧裹身体。尤其是文胸、内裤和塑身内衣等，放松量甚至为负，以起到承托身体，甚至将身体脂肪和皮肤移位的作用。

根据女性的不同需要，女内衣可分为基础内衣、塑身内衣、功能内衣、装饰内衣和泳衣等（图1-1）。基础内衣提供基本的舒适、卫生和保护功能，塑身内衣用以塑造美观的外形，功能内衣提供保暖、防辐射、利于运动等功能，装饰内衣提供辅助外衣造型等功能，等等。

```
        ┌ 基础内衣：文胸、内裤、背心等
        │ 塑身内衣：骨衣、腰封、束裤、连身束身衣等
  内衣 ─┤ 功能内衣：基础保暖内衣、特种保暖内衣、防辐射内衣、运动内衣等
        │ 装饰内衣：衬裙、衬衣、衬裤等
        │ 家居服：睡衣、浴衣等
        └ 其他：泳衣、吊袜带等
```

图 1-1　女内衣分类

与常规服装相比，女内衣在舒适性、卫生性、安全性和功能性上具有较高的要求。此外，性感和时尚是现代内衣不可或缺的特性。审美特性极大地拉动了对内衣的需求，消费需求极大。相对于其他服饰，内衣的消费周期较短，能够形成连续消费，市场容量处于动态的扩张之中。

二、材料与女内衣的特性

内衣涉及设计学、材料学、人体力学、人体工效学等多门学科，内衣材料的选用要符合其多方位的要求。

（一）功能性

由于人类对内衣有不同的功能诉求，内衣分为不同的种类。如：文胸要对乳房进行支撑，并将脂肪类物质移位，以形成优美的人体外观；特种保暖内衣要具有高于普通内衣的防寒能力；浴衣要具有较高的吸湿性能；等等。因此，要求内衣材料具有弹性、导热性、防护功能、保健功能等。

（二）舒适性

内衣是最贴近人体皮肤的服装种类，对提供舒适的人体微环境起着至关重要的作用。内衣的舒适性要求包括触感舒适、压力舒适、湿热舒适和运动舒适等。

触感舒适要求织物表面柔和，对皮肤无刺激，不会引起刺痒感、皮炎等不良反应。基础内衣和塑身内衣等要体现或修正人体体型，以呈现美的体态，且要做到运动时不变形、不脱落。女内衣要求吸湿透气性好，根据不同内衣类别，或满足保暖，或满足散热

要求。因此，内衣对材料的表面特性、弹性、含气量、吸湿透湿性、导热性、密度等有特别的要求。

（三）安全性

贴身穿着的内衣长期紧贴肌肤，对人体的安全性有重要影响，因此对材料的成分、色牢度、染色剂种类、甲醛含量等有更高要求。

（四）卫生性

内衣材料应具有抑菌和抗静电等性能，以满足卫生需要。

（五）耐用性

纤维的强力、延伸性、弹性、耐磨性、耐化学品性，以及织造方式与材料的配伍性，均影响内衣的耐用性。

（六）易保养性

内衣贴身穿着，为保持卫生，换洗的频率较高，因此，要求材料具有方便洗涤、不需熨烫、防霉菌、防虫蛀等特性。

（七）美观性和流行性

内衣不仅影响服装的整体效果，其本身也具有独特的审美价值。随着越来越多的人接受对人体美的欣赏，内衣的美观性和流行性日渐得到重视，甚至成为内衣消费的重要因素。材料的色泽、弹性、刚柔性、起毛起球性、可塑性等性能对美观都具有影响。

为了满足功能和艺术上的要求，内衣往往具有较为复杂的结构。不同部位的材料，选用目的不同。一件对人体覆盖面积较少的内衣往往由多种材料组合而制成。

三、女内衣材料的历史

古代内衣由薄亚麻布制成。胸衣最早使用的材料包括鲸髦、钢丝、藤条、铁、木材等，用以塑造身体曲线。

20世纪初，文胸取代了桎梏西方女性的紧身胸衣，现代内衣的发展历史由此开始了。1913年，美国名流创造了用两块丝绸方巾和少许缎带构成的文胸。10年后现代文胸的雏形得到公认和普及。当时，Kestos品牌推出了 Dual-purpose Brassiere 文胸，由两块三角形布料、有弹性的肩带、交叉的后背和罩杯构成的文胸形制被确立下来（图1-2）。

20世纪20年代，尼龙以其坚硬、质轻、免烫等特性而在女性内衣上得到使用，使内衣分为长身文胸与腰

图1-2 Kestos 品牌的文胸

箍。第二次世界大战期间，尼龙被视为奢侈品而列入禁用范围，棉等天然材料再次被使用。虽然尼龙的承托力较好，但棉质可轻易缝制出不同形状而且较贴身的内衣。

1949 年，美国人查尔斯·郎发明了一种没有肩带和系扣的新型文胸（图 1-3）。1950年，中心圆形缝制法出现，可缝出导弹型胸杯。在这个时代，丰满的女性身材再度成为潮流，加垫的内衣因此越来越普遍。1965 年，Rodi Gernreich 设计出一种"没有文胸的文胸"。因莱卡具有承托力、不变形、材质纤薄等特性，所以在这种文胸上得到使用。

20 世纪 70 年代，崇尚健康的潮流推动了运动内衣的出现，承托能力优异的弹力材料被采用。到 90 年代，内衣外穿成为潮流。麦当娜登台演唱时所穿的金色雪糕筒型文胸，令内衣时装大受瞩目（图 1-4）。钻石、竹子、皮革等多元化材质被用作内衣的材料。与此同时，单纯棉制品已不能满足内衣制作的需求，功能性材料不断出现。微纤维具有皮肤般的柔和。1997 年，杜邦公司推出超弹性纤维，使内衣既紧贴体型，又毫无束缚感，舒展自如。

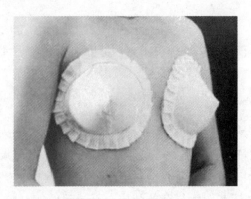

图 1-3 新型文胸

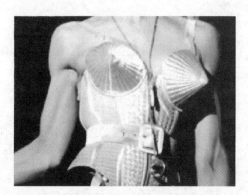

图 1-4 麦当娜的金色雪糕筒型文胸

四、内衣及其材料的发展趋势

内衣逐渐从私密的个人着装发展成为一种生活态度，要求既具有居家舒适的功能，又能引领时尚风潮。其材料的未来趋势如下：

（一）功能化

材料趋向高科技化、功能化和智能化，以提供深层次的内衣着装需求。如高感知、高吸湿、超高强、超细、形状记忆、智能调温、发光、变色、生物相容等材料。

（二）绿色化

着装时，内衣材料对人体无害，在生产加工过程中不对环境造成污染，节约能源，等等。

（三）舒适化

材料更加细致地满足服装穿着的舒适性，如触感舒适、湿热舒适、动态舒适等，因此，出现了弹性材料、吸湿透气材料、柔软细腻材料，以及其他各类舒适性面料。

（四）时尚化

复合材料、新型结构材料和特殊结构外观材料，推动了服装材料的艺术设计化。如复合材料，由多材质、多形态、多结构的材料复合而成，把两种以上的性能或形态各异的材料结合在一起，取各自的优点，形成新型外观或新功能。

（五）易管理化

生活节奏加快，活动空间变化频繁，以人为本的意识增强，都要求服装及其材料容易管理。材料的发展须满足洗可穿、抗皱免烫、可机洗、防污、防霉、防蛀等要求。

思考与练习

1. 什么是内衣？内衣有哪些类别？
2. 内衣用材料的特点有哪些？
3. 内衣用材料的发展趋势是什么？
4. 调查市场上有哪些种类的内衣，并观察内衣材料的特点。

第二章

女内衣常用纤维和纱线

教学题目：女内衣常用纤维和纱线

教学课时：8 学时

教学目的：

　　了解女内衣常用纤维和纱线的有关概念、分类与结构，掌握女内衣常用纤维的外观性能、耐用性能、舒适性能及各性能比较，熟悉女内衣常用纱线的细度指标和纱线品质对女内衣服用性能的影响，为合理选择女内衣打下良好的基础。

教学内容：

　　1. 纤维分类

　　2. 纤维性能

　　3. 纱线

教学方式：

　　辅以教学课件的课堂讲授；课堂讨论；课后查阅女内衣常用纤维和纱线使用发展状况和发展趋势的资料。

第一节　纤维分类

　　纤维是纱线、织物、保暖絮片等纤维制品的基本原料，是构成女内衣美观与功能的基础。

　　女内衣常用纤维的品种很多，性能各异，其设计师和生产者要成功完成某项设计或实现某种用途，首先必须了解纤维的分类及性能。

　　纤维是指直径从几微米到几十微米，长度比直径大百倍到上千倍的细长物质。但并不是所有的纤维都能用于女内衣，只有具有一定长度和细度、一定强度、可纺性和服用性能的纤维才是女内衣用纤维。

　　按纤维的来源可分为天然纤维和化学纤维，天然纤维是从自然界或人工养育的动、植物上直接获取的纤维；化学纤维是以天然或人工合成的高聚合物为原料，经特定的方法加工制成的纤维，包括再生纤维和合成纤维。再生纤维是以天然高聚物为原料，经纺丝加工制成的纤维；合成纤维是以石油、煤、天然气及一些低分子农副产品中所提取的小分子为原料，经人工合成得到的高聚合物，再经纺丝而形成的纤维。图2-1为女内衣常用纤维分类。

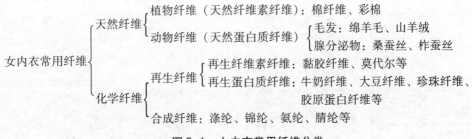

图2-1　女内衣常用纤维分类

　　影响各种纤维的外观特征、性能和品质的因素，主要是纤维的形态结构和化学结构。

　　纤维的形态结构主要指纤维的长度、细度和在显微镜下可观察到的横截面和纵截面形态等。天然纤维中，不同纤维的长度和细度不同，即使同种纤维，其长度和细度差异也比较大；化学纤维的长度和细度是根据用途确定的。在同样条件下，一般纤维的长度愈长，细度愈细，其女内衣越轻薄，表面越光洁，品质越好。纤维的横截面和纵截面形态对女内衣性能的影响将在具体纤维中详细叙述。图2-2为女内衣常用纤维的横截面和纵截面形态。

　　纤维的化学结构主要指纤维的分子结构和排列状态。纺织纤维都是由高分子化合物组成，不同纤维有不同的高分子化合物成分及排列。如纤维素纤维的主要成分是纤维素，由于纤维素的排列状态不同，不同纤维素纤维其性能也不同。

纤维	侧面	截面	纤维	侧面	截面
棉			莫代尔		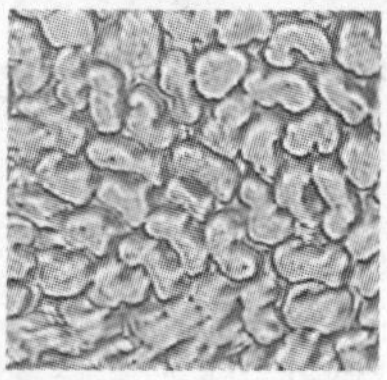
羊毛		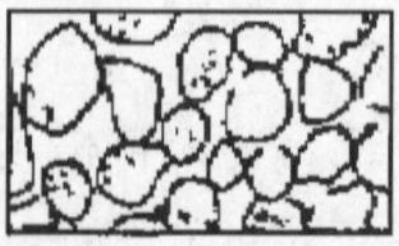	天丝	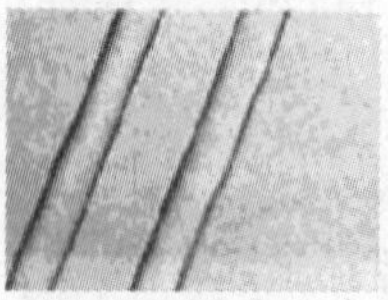	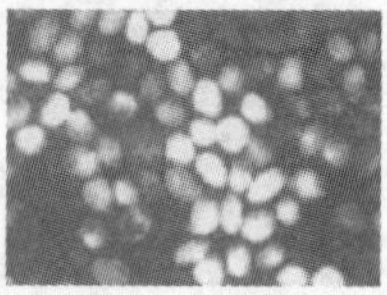
蚕丝	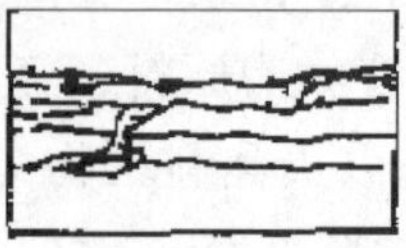	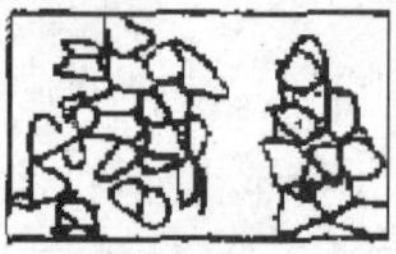	竹纤维		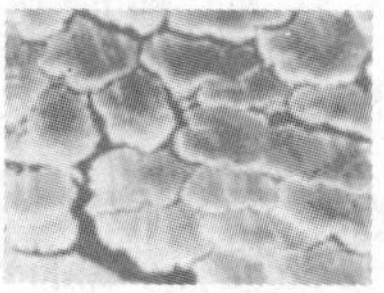
涤纶	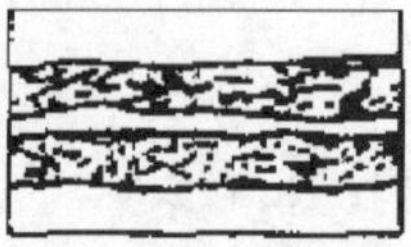	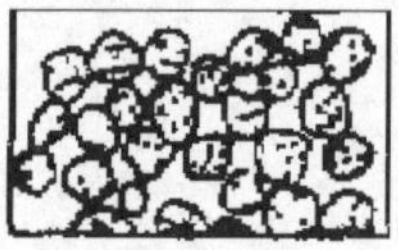	牛奶纤维		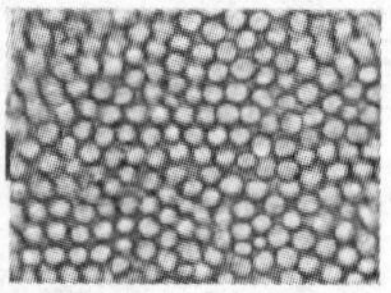
锦纶	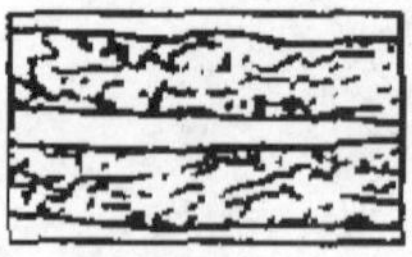	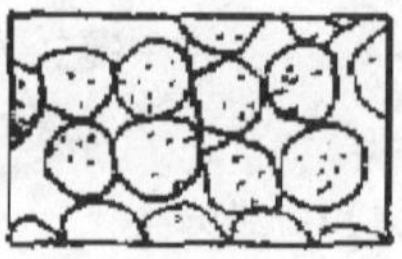	大豆纤维		
黏胶		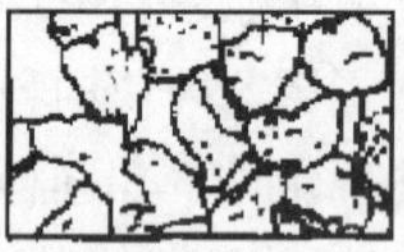	珍珠纤维	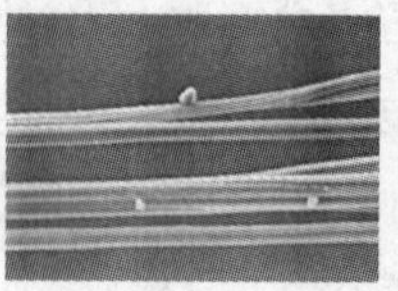	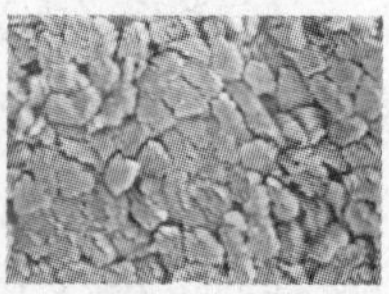
腈纶			海藻纤维	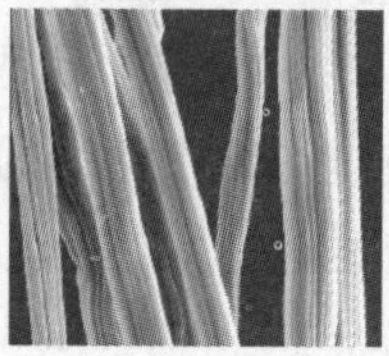	

图2-2　女内衣常用纤维的横截面和纵截面形态

一、天然纤维

（一）棉纤维

棉纤维是女内衣的主要原料。它是棉花种子上覆盖的纤维，使用前必须把纤维和棉籽分开，得到的纤维称原棉或皮棉。可分为普通棉纤维和新型棉纤维。

1. 普通棉纤维

女内衣常用的普通棉纤维有两种，即细绒棉和长绒棉。细绒棉又称陆地棉，我国大部分地区种植的均为细绒棉，纤维长度和细度中等，色洁白或乳白，有丝光，是中、低档女内衣用原料。长绒棉又称海岛棉，现主要产于埃及、苏丹、美国、摩洛哥等国家，我国仅新疆、上海及广州有少量种植；长绒棉纤维品质优良，较细绒棉细且长度长，色泽乳白或淡棕黄，富有丝光，强力较高，是高档女内衣用原料。

棉纤维是细而长的扁平带状物，具有天然转曲，它的纵向呈不规则形状，沿纤维长度不断改变转向的螺旋形扭曲。正常成熟的棉纤维天然转曲最多；未成熟棉纤维呈薄壁管状，转曲少；过成熟棉纤维呈棒状，转曲也少。成熟正常的棉纤维横截面呈不规则的腰圆形，有中腔；未成熟的棉纤维截面形态极扁，中腔很大；过成熟的纤维截面呈圆形，中腔很小（图2-2）。

棉纤维的光泽柔和暗淡，染色性能好，易染色且色谱全，具有较强的吸湿能力，穿着时有很好的吸湿透气性，不易产生静电。另外，棉纤维手感柔软，保暖性能好，特别适合制作贴身女内衣及保暖内衣。但棉纤维的弹性、抗皱性和耐磨性差，由其制作的内衣穿着时易起皱，耐用性较差，且洗涤时易缩水，所以应在裁剪前进行预缩处理，以避免内衣尺寸变小。为改善女内衣皱缩、尺寸不稳定的性能，还需对其进行抗皱、免烫整理。

棉纤维较耐碱而不耐酸，在常温或低温下浸入浓度为18%~25%的氢氧化钠溶液中，可使纤维直径膨胀，截面变圆，天然转曲消失，长度缩短，使纤维呈现丝一般的光泽。此时，若施加外力，限制其收缩，则纤维的强力会增加，此时织物也会变得平整光滑，并可改善染色性能和光泽，这种加工过程称为"丝光"；若不施加外力，织物长度会产生收缩，变得丰厚紧密，富有弹性，保形性好，这一加工过程称为"碱缩"。经过丝光加工的棉织物制作的女内衣光泽亮丽，而经过碱缩的棉织物可制作舒适、温暖且保形性较好的女内衣。

棉纤维的耐热性好，熨烫温度可达180~200℃，但易发霉变色，存放时要置于通风干燥处。

2. 新型棉纤维

新型棉纤维又称"天然彩色棉花"，简称"彩棉"。它是通过杂交、基因变异等手段开发出来的天然彩色棉花，吐絮时棉纤维就具有粉红、浅黄、绿、棕、灰、紫等天然色彩（图2-3）。

彩棉的形态特征与棉纤维基本相同，只是彩棉的天然转曲数比普通棉纤维少，且横截面积小于普通棉纤维。有的彩色棉品种还通过基因工程植入抗毛虫基因，在生长的过程中不易长虫，减少了农药对人体和环境的危害，用这种棉花制成的织物不需要染色，无化学染料毒素，减少了染料对环境的污染及化学残留物对人体的

图2-3 彩色棉花

伤害。因此，又被称为更高层次的生态绿色棉纤维。彩棉制成的内衣，经洗涤和风吹日晒，也不会变色，常用于较为高档的保健女内衣。

（二）蚕丝

蚕丝原产于中国，已有6 000多年的历史。目前，我国蚕丝的产量仍居世界第一。此外，日本和意大利也生产蚕丝。蚕丝是天然蛋白质纤维，光滑柔软，光泽优雅悦目，穿着舒适高雅，被称为"纤维中的皇后"，是高档女内衣用原料。蚕丝可分为桑蚕丝（即家蚕丝）和柞蚕丝（即野蚕丝）两种。在我国，桑蚕丝主要产于浙江、江苏、广东和四川等地，柞蚕丝主要产于辽宁和山东等地。

蚕丝是蚕的腺分泌物吐出以后凝固形成的线状长丝。蚕吐出来的是两根单丝，即丝素，在外面包覆丝胶，每根长丝的长度可达数百米甚至上千米，是唯一的天然长丝。蚕丝从蚕茧上分离下来后，经合并形成生丝。生丝手感较硬，光泽较差，一般要在后加工中脱去丝胶，以形成柔软平滑、光泽悦目的熟丝。桑蚕丝的光泽比柞蚕丝好，但理化性能比柞蚕丝差，而柞蚕丝容易起水渍。

每根蚕丝的丝素是主体，包在丝素外面的丝胶起到保护作用，桑蚕丝的丝素纵向平直光滑，富有光泽，截面呈不规则的三角形，外包丝胶的茧丝截面呈不规则的椭圆形。而柞蚕丝较为扁平，呈长椭圆形，内部有细小的毛孔。

桑蚕丝纤维未脱胶前为白色或淡黄色，脱胶后变为白色；柞蚕丝未脱胶前呈棕、黄、橙、绿等颜色，脱胶后变为淡黄色。未脱胶的生丝较硬挺，光泽柔和；脱胶后变得柔软，光泽亮而柔和，是天然纤维中光泽最好的纤维。蚕丝的染色性能好，色泽鲜艳。

蚕丝具有良好的吸湿性能，穿着吸湿透气。具有柔软舒适的触感和较好的保温性能，夏季穿着凉爽，冬季穿着保暖。摩擦时会产生独有的"丝鸣"现象。其强度高于羊毛，延伸性优于棉和麻纤维，耐用性一般。耐酸性小于羊毛，而耐碱性稍强于羊毛，不耐盐水浸蚀。所以，丝质女内衣应勤换、勤洗。蚕丝的耐光性特差，在日光下纤维会泛黄变脆，不宜用含氯漂白剂或洗涤剂处理。其耐热性稍优于羊毛，熨烫温度为120～160 ℃，宜用蒸汽熨斗垫布熨烫，熨烫时应预防烫黄和水渍。经醋酸处理后丝织物会更加柔软滑润，富有光泽，所以，洗涤丝质女内衣时，在清水中加入少量白醋浸泡2～3 min，能改善

外观和手感。

(三) 毛纤维

天然动物毛的种类很多，女内衣常用的是绵羊毛和山羊绒，主要用来制作冬季保暖性要求较高的女内衣。绵羊毛是绵羊皮肤上的细胞发育而成，主要成分是蛋白质。通常所说的羊毛是指绵羊毛，按粗细可分为细羊毛、半细羊毛和粗羊毛。其中细羊毛细度细，柔软性好，质量好，特别是澳大利亚美利奴羊是世界上品质最为优良，也是产毛量最高的羊种。羊毛颜色一般为乳白色。山羊绒又称羊绒，是紧贴山羊表皮生长的浓密细软的绒毛，产量低，价格高，素有"软黄金"之称，有白绒、青绒、紫绒三种。

羊毛纤维沿长度方向有天然的立体卷曲，表面有鳞片覆盖，截面近似圆形或椭圆形（图2-2）。山羊绒的鳞片密度大且鳞片紧抱毛干，张开角度较小，横截面多呈规则的圆形，所以，羊绒的光泽和柔软性比细羊毛要好。

羊毛纤维的光泽柔和，染色性能好，但不能使用氧化漂白。它的吸湿能力较强，吸湿后不易显潮，所以穿着时舒适透气；又因羊毛纤维具有天然卷曲，蓬松性好，所以非常保暖。羊毛纤维适合制作女保暖内衣，若制作贴身内衣，需使用细羊毛和山羊绒，因细羊毛和山羊绒手感柔软，而粗羊毛有刺痒感，舒适性差。

羊毛纤维的强度较小，弹性和延伸性好，其内衣有身骨，不易起皱，且耐用性较好，但吸湿后弹性下降，内衣易变形、变皱。羊毛在热、湿和揉搓等机械力的作用下，纤维发生相互间的滑移、纠缠、咬合，使织物发生毡缩而尺寸缩短，无法回复，这种现象称为缩绒。所以，女内衣不宜机洗，应该干洗或用手轻揉水洗。工业上防止缩绒的方法可采用破坏鳞片或填平鳞片的方法来使羊毛表面变得光滑，避免缩绒产生，一般高档女内衣采用这种方法处理。

羊毛较耐酸而不耐碱，对氧化剂也很敏感，所以应选择中性洗涤剂。羊毛耐热性比棉差，因此熨烫温度一般在120~150℃。又因羊毛怕虫蛀和霉菌，保存时应注意通风和放置樟脑丸防蛀。

二、化学纤维

(一) 女内衣常用再生纤维

1. 莫代尔纤维

莫代尔（Modal）纤维又称木代尔纤维，是采用高质量的原木浆提炼加工而成的天然纤维素再生纤维。它是一种质量非常轻的纤维。莫代尔纤维一般分为兰精莫代尔和台化莫代尔两种。兰精莫代尔占领了中国绝大部分市场，它是奥地利公司采用欧洲的榉木制成木浆，再通过专门的纺丝工艺加工成的纤维。用显微镜观察，兰精莫代尔的横截面呈哑铃形，没有中腔，纵向表面光滑，有1~2道沟槽。台化莫代尔是由台湾化学纤维股份有限公司生产的一种木浆纤维，横截面接近于圆形，没有中腔，纵向表面光滑，有的有不连续、不明显的竖纹（图2-4）。

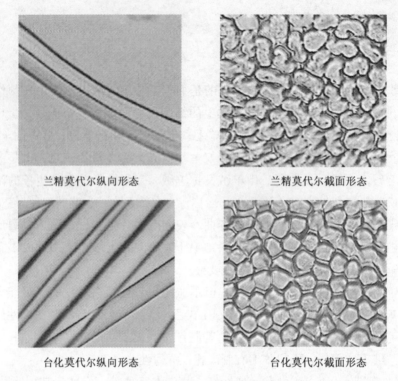

兰精莫代尔纵向形态　　　　　　　　兰精莫代尔截面形态

台化莫代尔纵向形态　　　　　　　　台化莫代尔截面形态

图2-4　莫代尔纤维的形态特征

　　莫代尔纤维是将天然纤维的豪华质感与合成纤维的实用性合二为一，具有棉的柔软、丝的光泽、麻的滑爽，而且吸水、透气性能都优于棉，染色性能好。其干强大于棉纤维，具有高湿强度、低湿伸长率的特点，其织物的形态稳定性好，具有天然的抗皱性和免烫性，服用时越洗越柔软，越洗越亮丽。

　　由莫代尔纤维制成的女内衣，穿着给人一种滑爽、柔软、轻松、舒适的感觉。由于它为天然再生纤维，给人以回归自然的感觉，对皮肤没有刺激性，所以，被称为"人的第二皮肤"，在贴身女内衣中已广泛使用。

　　2. 黏胶纤维

　　黏胶纤维一般以木材、棉短绒、甘蔗渣等为原料，经过一系列的化学与机械方法而制成，其主要成分是纤维素。黏胶纤维不仅具有棉纤维的优良性能，而且有些性能比棉更胜一筹，常见品种为普通黏胶纤维、高湿模量黏胶纤维（又称富强纤维）和强力黏胶纤维，女内衣常用普通黏胶纤维。普通黏胶纤维分为短纤维和长丝，黏胶短纤维被称为"人造棉"，黏胶长丝被称为"人造丝"，分为有光、无光和半无光三种光泽。一般长丝内衣比短纤维内衣的光泽好。普通黏胶纤维纵向为平直的柱状体，表面有凹槽，横截面为锯齿形，有皮芯结构，无中腔（图2-2）。

　　黏胶纤维的染色性能好，色谱齐全，色泽鲜艳且色牢度高。它还具有较强的吸湿能力，不易产生静电。另外，黏胶纤维手感柔软，导热性能好。其女内衣穿着时凉爽、舒适、透气，特别适用湿热环境。但普通黏胶纤维的强度低，特别是湿强低，其湿强几乎为干强的一半，且弹性、抗皱性和耐磨性差。由其制作的女内衣穿着时易起皱，耐用性也差。普通黏胶纤维内衣洗涤时易缩水，所以应在裁剪前进行预缩处理，以避免内衣尺寸变小。黏胶纤维内衣洗涤时不宜用酸性洗涤剂，洗后可用较高温度熨烫，温度略低于棉。黏胶纤维也易发霉，要避免在高温、高湿条件下存放。

（二）女内衣常用合成纤维

1. 涤纶

涤纶又称聚酯纤维，是目前合成纤维中产量最高的化学纤维，分为长丝和短纤维。普通涤纶纤维纵向平滑光洁，均匀无条痕，横截面一般为圆形（图2-2）。

涤纶光泽较亮，染色性能差，需采用特殊染料或设备工艺条件在高温、高压下染色，但染色牢度高。涤纶纤维的吸湿性能非常差，易产生静电和吸附灰尘，制成的内衣穿着不吸汗、不透气、不舒适，有闷热感。但由于它具有优良的弹性和恢复性，制成的内衣具有挺括、不起皱、保形性好、洗涤后快干免烫的特点。涤纶的热定形性能也好，热定形工艺可使其制作的女内衣形成永久性褶裥和造型，提高服装的美观及形态稳定性。因此，涤纶纤维适用于塑身、美体、保形的女内衣，能塑造女性的曲线美，同时还可顺应内衣外穿的潮流。

涤纶的强度高，弹性、耐用性、耐光性、耐热性好，熨烫温度为140~160℃。但涤纶短纤维女内衣在穿着过程中易起毛起球，且毛球不易脱落；涤纶长丝女内衣易勾丝，影响外观美观性。

2. 锦纶

锦纶为聚酰胺纤维，又称尼龙。它和涤纶同属于合成纤维。女内衣常用锦纶6和锦纶66，我国目前以锦纶6为主。传统锦纶纤维纵向平直光滑，横截面为圆形（图2-2）。

锦纶的染色性能在合成纤维中是较好的，但它的吸湿性能仍较差，易产生静电和吸附灰尘。其制作的女内衣穿着不吸汗、不透气、不舒适，有闷热感。锦纶的耐磨性优于其他纤维，强度、弹性均好，耐用性也好；但变形回复性不如涤纶，所以保形性比涤纶稍差，外观不够挺括。它的密度比涤纶小，所以穿着轻便，适用于轻便的塑身美体的女内衣。其短纤维女内衣在穿着过程中易起毛起球，长丝女内衣易勾丝，影响外观美观性。

锦纶在高温下易变黄，烘干温度过高会产生收缩和永久的折皱。白色锦纶女内衣应单独洗涤，防止吸收染料和污物而产生颜色改变。锦纶的耐光性较差，在阳光下易泛黄，强力下降，故洗后不宜晒干。锦纶的耐热性不如涤纶，熨烫温度为120~150℃。耐碱而不耐酸，对氧化剂敏感，尤其是含氯氧化剂；对有机奈类也敏感，所以锦纶女内衣存放时不宜放樟脑。

3. 腈纶

腈纶为聚丙烯腈纤维。因纤维柔软、蓬松、保暖，很多性能与羊毛相似，因此有"人造羊毛"之称。腈纶纤维纵向为平滑柱状，有少许沟槽，截面呈哑铃形，也可呈圆形或其他形状，无论纵向还是截面都可看到空穴的存在（图2-2）。

腈纶纤维易于染色，色泽鲜艳，染色牢度较高。它的吸湿性能比锦纶差，易产生静电和吸附灰尘，其制作的女内衣穿着不吸汗、不透气、不舒适，有闷热感。但腈纶密度小，保暖性好，适合做冬季轻便保暖的女内衣。

腈纶的强度和耐磨性不如其他合成纤维，耐用性较差。其短纤维女内衣在穿着的过程中易起毛、起球，直接影响外观的美观性。腈纶最突出的优点在于其耐日光性和耐气候性好，防虫蛀和防霉菌性能好，耐弱酸碱，但使用强碱和含氯漂白剂时需小心。熨烫温度为 130~140 ℃。

4. 氨纶

氨纶为聚氨基甲酸酯纤维。因其具有优良的弹性，又称为弹力纤维，最著名的商品名称是美国杜邦公司生产的"莱卡"。其纵向平直光滑，横截面为花生果形或三角形。氨纶在内衣中主要以包芯纱或与其他纤维合股的形式出现，在内衣中的含量一般小于 10%，尽管含量很少，但能大大改善内衣的弹性，使内衣具有良好的尺寸稳定性，并改善合体性，紧贴人体又能伸缩自如，便于活动。

氨纶的弹性高于其他纤维，弹性伸长率可达600%，但仍能回复原状。氨纶可染成各种颜色，手感平滑，吸湿性差，强度低于一般纤维，但有良好的耐气候性和耐化学品性能。其制作的内衣应经常清洗，以防止人体油脂和汗液使纤维变黄。其耐热性能差，水洗和熨烫温度不宜过高，一般为 90~110 ℃，并快速熨烫。

三、新型纤维

（一）女内衣用新型再生纤维

1. 天丝

Tencel 是 Lyocell（莱赛尔）纤维的商品名，我国俗称天丝，属于再生纤维素纤维。黏胶纤维的制造工艺会排出有毒的二硫化碳和污水，造成环境污染。而天丝采用全新溶剂，在制造过程中可回收，产品使用后可生化降解，所以，被称为"21世纪的绿色纤维"。天丝纵向光滑，有的有不连续、不明显的竖纹，横截面呈圆形或椭圆形（图2-2）。

天丝的手感柔软，悬垂性、吸湿透气性、抗静电性好，穿着舒适。天丝具有丝一般的光泽，其制成的女内衣具有丝绸般的悬垂性及光泽度。天丝纤维在潮湿状态下，经机械摩擦会沿纤维轴向分裂出原纤，通过处理可获得独特的桃皮绒风格。它具有良好的防皱性和防缩性，在水洗时能保持女内衣的尺寸稳定，具有较高的干湿强度。天丝纤维适合制作舒适性、美观性要求较高的高档女内衣。

2. 竹纤维

竹纤维是以竹子为原料的新型纤维素纤维，包括竹原纤维和竹浆纤维。竹原纤维是对天然竹子进行类似麻脱胶工艺处理，形成适合在棉纺和麻纺设备上加工的纤维，生产的织物真正具有竹子特有的风格与感觉；竹浆纤维则是以竹子为原料，通过黏胶生产工艺加工的新型黏胶纤维，在显现黏胶纤维特性的同时，也体现竹子特有的性能。竹纤维纵向表面呈多条较浅的沟槽，横截面内部存在许多管状腔隙（图2-2）。这种天然的超中空纤维，可在瞬间吸收和放出水分，因此，竹纤维又被称为"会呼吸的纤维"。

竹纤维具有高吸湿快干性、高透气性，可在瞬间吸收和蒸发水分。其制作的女内衣穿着凉爽、舒适。竹纤维的耐磨性好，不起毛、不起球，悬垂性佳。其手感滑腻丰满，如丝般柔软，防霉、防蛀；染色性能优良，光泽亮丽，且有较好的天然抗菌效果及环保性，顺应现代人追求健康舒适的潮流，舒适美观性和保健性俱佳。

3. 大豆蛋白纤维

大豆蛋白纤维是以出油后的大豆废粕为原料，运用生物工程技术，将豆粕中的球蛋白提纯，并通过助剂、生物酶的作用，用湿法纺丝工艺纺成单纤细度为 0.9～3.0 dtex 的丝束，经稳定纤维的性能后，再经过卷曲、切断，即可生产出各种长度规格的高档纤维。大豆蛋白纤维纵向有不规则的沟槽，横截面呈扁平状的哑铃形或腰圆形，并有海岛结构，有细微空隙（图2-2）。

大豆蛋白纤维本色为淡黄色，其制成的内衣手感柔软、滑爽，具有真丝与山羊绒混纺的感觉；其吸湿性与棉相当，而导湿、透气性远优于棉，保证了女内衣穿着的舒适性与卫生性。大豆蛋白纤维的强度比棉、羊毛、蚕丝都高，仅次于涤纶等高强度纤维，而细度已达到 0.9 dtex。其制作的女内衣轻薄，且抗皱性、尺寸稳定性好，易洗快干。它适用于制作舒适、保健的高档女内衣。

4. 牛奶蛋白纤维

牛奶蛋白纤维又称为牛奶丝。它是将液态牛奶去水、脱脂，加上揉合剂制成牛奶浆，再经湿纺新工艺及高科技处理而成。此技术由日本最早开发成功，现在已有多个国家生产牛奶蛋白纤维。牛奶蛋白纤维纵向有隐条纹和不规则的斑点，边缘平直、光滑，横截面呈扁平状的哑铃形或腰圆形，且截面上有细小的微孔（图2-2）。

牛奶蛋白纤维细柔嫩滑，透气、导湿性好，贴身穿着有润肌养肤、滋滑皮肤的功效。同时，牛奶丝还具有天然持久的抑菌功能。其织物的抗起球性、悬垂性、飘逸性好，强度高，其制作的服装耐穿、耐洗、易贮藏。用牛奶蛋白纤维制成的女内衣，不仅充满牛奶的滑爽感，而且轻盈柔软、透气性强，穿着特别舒适。因此，牛奶蛋白纤维是高档女内衣理想的原材料。

5. 竹炭纤维

竹炭是竹材资源开发的又一个全新的具有卓越性能的环保材料。将竹子经过800℃的高温干燥、炭化工艺处理后，形成竹炭。竹炭具有很强的吸附、分解能力，能吸湿干燥、消臭抗菌，并具有负离子穿透等性能。竹炭纤维以黏胶为载体，在纺丝过程中将高科技手段制成的纳米级竹炭微粒均匀分布到黏胶纤维中制成，是一种新型功能性女内衣用原料。

竹炭纤维具有超强的吸附能力，竹炭内部特殊的超细微孔结构使其具有强劲的吸附能力，能吸收和分解空气中的甲醛、苯、甲苯、氨等有害物质，并消除不良异味，它消除异味的效率比一般普通黏胶材料高3倍；具有特殊的保健功能，负离子浓度高，相当于郊外田野的负离子浓度含量，使人倍感清新舒适；蓄热保暖性较强，远红外线发射率高达87%，日照温升速度快于普通面料；能调节湿度平衡，竹炭的微多孔结构具有迅速吸、放湿功能，环境湿度大时能快速吸收并储藏水分，环境湿度小时能迅速释放水分，从而自动调节人体的湿度平衡。竹炭纤维主要用于制作高档保健、保暖的女内衣。

6. 珍珠纤维

珍珠纤维是采用高科技手段将纳米级珍珠粉在黏胶纤维纺丝时加入纤维内，使纤维体内和外表均匀分布着纳米珍珠微粒。珍珠纤维的纵向表面较为光滑，但有几个小凸起，此为珍珠粉颗粒。其横截面形状为圆形或椭圆形（图2-2）。

珍珠纤维手感光滑凉爽，比棉更柔软，与皮肤接触时有一种异常舒适的感觉。人们穿上珍珠纤维内衣后，珍珠粉就开始不断地补充营养至皮肤表层，并能源源不断地提供皮肤再生的原料，保持皮肤嫩白；同时，织物中所含的黏胶纤维还使其带有吸湿、透气、舒适的特性。因此，珍珠纤维主要用于制作高档的珍珠营养女内衣。

7. 胶原蛋白纤维

胶原蛋白是一种生物性高分子物质，是一种白色、不透明、无支链的纤维性蛋白质。它可以补充皮肤各层所需的营养，使皮肤中胶原活性增强，有滋润皮肤、延缓衰老、美容、消皱、养发等功效。胶原蛋白纤维是一种动物蛋白质改性纤维，其原料为动物蛋白及羟基、氰基高聚合物，是一种可降解的环保纤维。胶原蛋白纤维具有蚕丝般的光泽、羊绒般的轻柔糯滑、麻纤维的吸湿快干等特点，对人体的皮肤有亲肤及保健作用，可促进身体血液循环，使皮肤光滑并富有弹性，更显年轻态。胶原蛋白纤维适合制作舒适性、保健性要求较高的高档女内衣。

8. 蚕蛹蛋白纤维

蚕蛹蛋白纤维是综合利用生物工程技术、化纤纺丝技术、高分子技术，将从蚕蛹中提取的蛋白同天然纤维素按比例混纺，在特定的条件下形成的具有稳定皮芯结构的全新生物质蛋白纤维。其优良动物蛋白质集于纤维表面，形成纤维皮层；天然植物纤维在内层，形成纤维的芯层。其主要成分是蚕蛹蛋白和天然纤维素（棉、木、竹等），组成一般为10%~40%的蚕蛹蛋白、90%~60%的天然纤维素。

蚕蛹蛋白纤维集真丝和人造纤维的优点于一身，不仅具有优良的吸湿性和光泽，而且具有很好的悬垂性和手感，织物滑爽、透气，具有真丝的外观和良好的服用舒适性，其价格又远低于真丝，还对皮肤具有良好的相容性和保健性。对于防止皮肤瘙痒等皮肤病有明显的作用，并且对干性皮肤有滋润保健的作用。蚕蛹蛋白纤维适宜制作高档保健系列女内衣。

9. 聚乳酸纤维

聚乳酸纤维又称玉米纤维，简称"PLA"。它是由玉米等谷物原料经过发酵、聚合、纺丝制成的。聚乳酸纤维横截面为近似圆形，纵向纤维光滑，有明显斑点。

聚乳酸纤维的光泽较好，吸湿性能较差，但疏水性能较好，具有独特的芯吸作用，其织物具有良好的导湿快干功能。此外，聚乳酸纤维还具有良好的保暖性，冬天穿着时，保温性比棉及聚酯纤维高20%以上（经热传导率试验）；夏天穿着时，透湿性、水扩散性优异，吸汗、快干，可通过水蒸气蒸发迅速带走体热，使人感觉凉爽。它的强度高，弹性和悬垂性好，其织物具有良好的形态稳定性和抗皱性。其耐光性也好，在室外暴晒500 h后，强度仍可保留55%左右。聚乳酸纤维与棉混纺则能制成吸汗、速干的女内衣。同时，聚乳酸纤维有良好的生物相容性和生物降解性，在人体内可逐渐降解为二氧化碳和水，对人体无害、无积累。聚乳酸纤维适宜制作夏季凉爽及冬季保暖的舒适女内衣。

10. 海藻纤维

海藻纤维是将海藻酸溶液在纤维素磺酸酯化过程中均匀加入黏胶中，经混合、研磨制成纺丝液进行湿法纺丝，再经水洗、拉伸、干燥制备而成。该纤维具有抗菌、高吸湿、高透气、生物降解等特性，同时兼具纤维素纤维的性能特点，是一种全新的功能性再生纤维素纤维。

海藻纤维纵向光滑，有沟槽，横截面内布满孔隙，边缘呈不规则锯齿形（图2-2）。该结构决定了海藻纤维具有优良的吸湿、放湿特性和透气性；海藻纤维强力偏低，尤其是湿强下降较多，伸长较小，是一种低强、低伸缩型再生纤维素纤维，它具有和黏胶纤维相似的染色性能，适用于制作保健女针织内衣。

11. 甲壳素纤维

甲壳素纤维是由虾皮、蟹壳及昆虫类动物体和霉菌类细胞内的甲壳素或甲壳胺溶液纺制而成的纤维。它具有很好的透气性和保水性，较高的耐热性，其热分解温度高达288 ℃左右，有利于纤维及其制品的热加工处理。由于甲壳素纤维分子结构的独特性，其具有抑菌、镇痛、吸湿、止痒等功能；同时，具有良好的生物相容性和生物降解性，是一种天然的环保形新材料。用它制成的织物坚挺，不皱不缩，色泽鲜艳，光泽好，不褪色，吸汗性能好，对人体无刺激、无静电等。甲壳素纤维适宜制作高档保健的女内衣。

12. 茶纤维

茶纤维是从茶叶中提取天然抗菌剂而制得的一种具有抗菌、防臭功能的纤维。绿茶中的天然抗菌剂均匀分布于茶纤维及其制成品中，功效持久。长期与皮肤接触，纤维中的有效成分可以被皮肤缓慢吸收，可改善人体微循环，对皮肤衰老、高血脂、高血糖、心血管疾病，甚至癌症起到辅助治疗作用；可起到消除自由基、抗氧化、抑菌、除臭等作用。茶纤维及其制成品本身具有染色效果，无须进行化学漂染，其天然呈米棕色，避免了使用化学合成染料染色带来的对环境的污染和对人体潜在的危害。茶纤维还具有黏胶纤维优良的吸湿透气性，柔软舒适。茶纤维可用于制作保健女内衣。

13. 芦荟纤维

芦荟纤维是采用高科技手段，在纤维素纤维纺丝时将芦荟原液加入纺丝液内而制成的功能性纤维素纤维，使纤维体内和外表均匀分布纳米芦荟原液。它具有手感柔软滑爽、吸湿透气、易染色、颜色鲜艳、色牢度高、悬垂性优、不易产生静电、不易起毛起球等优良的服用性能。芦荟纤维还蕴含几十种元素，与人体细胞所需物质几乎完全吻合，是集舒适、护肤、健康于一体的绿色功能性纤维，适合制作高档保健的女内衣。

（二）女内衣用新型合成纤维

1. 差别化纤维

差别化纤维是指通过化学或物理改性，使常规合成纤维的形态结构、组织结构发生变化，提高或改变纤维的物理、化学性能，使常规合成纤维具有某种特定性能和风格。差别化纤维的品种较多，女内衣常用的差别化纤维为异形纤维、超细纤维和复合纤维。

（1）异形纤维

异形纤维是指用异形喷丝孔纺制的非圆形横截面的合成纤维。异形纤维的品种较多，女内衣主要用中空异形纤维，一般为三角形和五角形中空纤维。它与普通纤维相比，光泽好，透气透湿性增强，手感柔软，质轻，蓬松性和保暖性好，特别适合制作舒适保暖女内衣。

（2）超细纤维

超细纤维一般是指细度为 0.03 tex 以下的纤维。国外已制造出 0.000 01 tex 的超细纤维，如果把一根丝从地球拉到月球，其质量也不会超过 5 g。我国已生产出 0.014 ~ 0.03 tex 的超细纤维。超细纤维由于细度极细，大大降低了纤维的刚度，制成的织物手感极为柔软。纤维细还可增加比表面积和毛细效应，使纤维内部反射光在表面分布更细腻，使之具有真丝般的高雅光泽，并具有良好的吸湿和散湿性能。所以，用超细纤维制成的女内衣柔软、舒适、美观、透气，有较好的悬垂感。

（3）复合纤维

复合纤维是指纺丝时单纤维截面内由两种或两种以上不相混合的聚合物或性能不同的同种聚合物不相混合而构成的纤维。这种纤维即可兼有两种以上纤维特点，又可获得高卷曲、高弹性、高抗静电性、易染色性等功能。近年来，服装材料中应用复合纤维的种类很多，而女内衣主要用高吸水性合成复合纤维 Hygra，这是日本开发的新型复合纤维，是以网络构造的吸水聚合物为芯，聚酰胺为皮的皮芯型复合纤维。其吸收水分的能力可达自身质量的 3.5 倍，人们在穿着这种纤维制成的服装时，汗水被芯部的吸水聚合物吸收，而表面的聚酰胺，即使湿润也无发黏的感觉。由于 Hygra 纤维的吸湿、放湿能力和速度均优于天然纤维。因此，用它制作的女内衣穿着吸汗、透气，且抗静电性优良，不易沾污。

2. 功能性纤维

功能性纤维是指具有特殊功能的纤维，功能性纤维的品种较多，女内衣常用远红外线纤维、高吸湿排汗纤维及抗菌防臭纤维。

（1）远红外线纤维

远红外线纤维是向纤维基材中掺入远红外微粉（如瓷粉或钛元素等）制成的，纤维基材可以是聚酯纤维、聚酰胺纤维等常用合成纤维。远红外线纤维具有远红外线辐射功能，它所辐射的电磁波引起人体表面细胞分子的共振，产生热效应，激活人体表面细胞，促使人体皮下组织血液微循环，达到保暖、保健，促进新陈代谢，提高人体免疫力的功效。特别适合制作保暖、保健的女内衣。

（2）高吸湿、排汗纤维

高吸湿、排汗纤维是对聚酯纤维进行加工，主要是通过化学改性和物理改性的方法赋予聚酯纤维较高的吸水性、输水性，以提高其织物穿着的舒适感。目前采用的方法包括化学方法和物理方法两种：化学方法是在纤维分子链中引入某种具有亲水性的化学基团，并破坏原有纤维的紧密状态，得到高吸水性；而物理方法则是通过改变纤维的物理形态，实现吸水和排水的功能，如美国杜邦公司名为"Coolmax"的吸湿、排汗聚酯纤维，纤维外表具有四条排汗通道，可将汗水迅速带出，导入空气，保持皮肤干爽。总之，高吸湿、排汗纤维不仅能够吸收液态水，而且能够将汗液快速散发到面料表面，提高人体穿着舒适性。高吸湿、排汗纤维特别适合制作运动时穿着的女内衣。

（3）抗菌、防臭纤维

抗菌、防臭纤维是用抗菌剂和高聚合物混合纺丝而制成的。如日本的 Chemitack.a 是在涤纶短纤维中混入高性能银系无机盐抗菌剂而制成的。这种纤维不仅有高效的抗菌性，而且因为混入了白色抗菌剂，纤维的白度增强，这种纤维制成的织物经洗涤 50 次后仍有抗菌性。抗菌、防臭纤维特别适合制作抗菌性要求较高的女内衣。

3. PTT 纤维

PTT 纤维是聚酯纤维家族中的一类新产品，是由美国壳牌化学公司研制成功的新型纺丝聚合物。它兼有涤纶的稳定性和锦纶的柔软性等特点。

PTT 纤维具有优异的柔软性、舒适的弹性及优异的伸长回复性。它的弹性优于涤纶，与锦纶纤维相当，在伸长 20% 时仍可回复其原有的长度。它易染色，颜色鲜艳且染色牢度高，主要用作舒适美体的女内衣。

4. 特达纤维

特达纤维（Tactel）是美国杜邦公司开发的新一代聚酰胺纤维，具有手感柔软光滑、悬垂性与染色性优、光泽优雅、易洗涤和免烫等特点。传统的聚酰胺纤维无法与之比拟。特达纤维与其他纤维混纺的纱或交织的织物已成为制作高档女内衣的重要原料之一。

5. 力莱纤维

力莱纤维（Lilion）被公认为欧洲最优秀的纤维，是法国和意大利卓越纤维技术的结晶。力莱纤维织物不仅柔软舒适，便于穿着，美观大方，且透气性、吸湿性、免烫性良好，手感极佳，被称为"第二层肌肤"。其良好的吸湿性可以平衡空气和身体的温度差。含有力莱纤维的服装不仅可以机洗，而且极易晾干，还可免烫，从而简化生活。其特殊结构使它具有非凡的弹性和耐磨性。其回弹性使它具有紧臀平腹的作用，便于女性穿着，且更加舒适，曲线更加优美。力莱纤维特别适用制作紧臀收腹的女内衣。

6. 新弹性纤维

（1）聚酯纤维弹性丝 E-10

由日本尤尼吉可公司生产。它不仅弹性与染色性能好，加工性和经济性也很突出，抗皱与挺括性又是非氨纶纤维织物所能比拟的，因此，被誉为多功能纤维。E-10 可与其他纤维构成复合纱或交织，使织物具有特殊的凹凸感和膨松感，并经不同组合形成各种织物风格，可制作时尚、舒适的女内衣。

（2）Lycra 902C 纤维

由美国杜邦公司生产，它具有高伸长和非凡的弹性恢复力。用其编织的女内衣能按衣着者的体型裁制，非常贴身。虽有压力，但感到舒适，活动自如，不受限制。

第二节　纤维性能

为了更合理、更科学和更经济地选用各种内衣纤维，加工各种内衣纤维织物，本节将从纤维的外观性能、耐用性能、舒适性能、保养性能和加工性能五个方面进行分析比较，以便加深对纤维性能的掌握。

一、外观性能

（一）色泽及染色性

1. 色泽

色泽是指纤维的颜色和光泽。天然纤维的颜色包括自然颜色和染色颜色，自然颜色主要取决于天然纤维的品种；化学纤维的颜色主要取决于加工时所选用的原材料的颜色、色素的添加等因素。纤维的光泽是由它表面反射光的强弱决定的，纤维的表面状态影响其反射光线的强弱，一般纤维表面光滑，织物表面反射光线较强，光泽较好。同时，纤维的截面形状也直接影响光的反射。当横截面形状为圆形时，理论上纤维对光线的反射比较柔和，但由于纤维在纺纱时所加的捻度，使圆形反射出强烈的光线；当横截面为三角形时，反射的光线极不均匀且分散，由于是加捻成纱后织成织物，则不规则的反射光减少，沿纤维长度方向反射出均匀的光线，使之具有闪烁或亮耀的光泽，三叶形截面可达到最佳光泽效果；横截面为不规则的多边形或多角形时，光泽较暗淡，而且边数越多，越趋暗淡（图 2-5）。天然纤维中，棉纤维和毛纤维具有不规则横截面和长度方向的不均匀性，使织物光泽较柔和或无光泽。另外，化学纤维在加工时，为了改变它的光泽，在熔融或溶解的高聚合物中加消光剂，如黏胶纤维包括有光黏胶丝、无光黏胶丝及半无光黏胶丝。

2. 染色性

染色性是指纤维染色时适用染料的类型、染色的难易程度及染色牢度等。这里主要分析染色的难易程度及染色牢度的好坏。染色牢度取决于纤维材料的着色与固色能力、

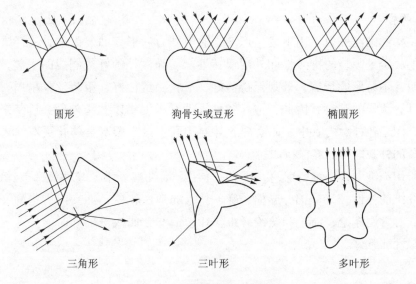

圆形　　　　　　狗骨头或豆形　　　　　椭圆形

三角形　　　　　　三叶形　　　　　　多叶形

图2-5　不同横截面纤维的反光

染料的稳定性、染色工艺，以及各种外部影响作用的强弱。而纤维的化学组成和结构是影响其染色难易程度和染色牢度的主要因素。一般纤维素纤维和蛋白质纤维较易染色，而合成纤维较难染色。在服用过程中，纤维素纤维和蛋白质纤维制作的女内衣一般染色牢度较差，易褪色；而合成纤维制作的内衣则染色牢度较好，不易褪色。表2-1为女内衣用纤维的自然颜色、光泽及染色性。

表2-1　女内衣用纤维的自然颜色、光泽及染色性

纤维品种	自然颜色	光　泽	染　色　性
棉	白色、乳白色、淡黄色	柔和、暗淡、自然	易染色但染色牢度较差
彩棉	红、黄、绿、棕、灰、紫	同上	无需染色
桑蚕丝	脱胶前白色或淡黄色，脱胶后变为白色	脱胶前光泽较差；脱胶后光泽较亮，有闪光效应	易染色，但色牢度较差
柞蚕丝	脱胶前棕、黄、橙、绿，脱胶后变为淡黄色	同上	同上
涤纶	一般白色	较亮，长丝比短纤维亮	难染色，染色牢度高，颜色鲜艳
锦纶	同上	同上	比涤纶易染色，染色牢度较高
黏胶	同上	有光、无光、半无光	易染色，染色牢度较高，但易染花
莫代尔	同上	较亮，如丝一般	易染色，色牢度较高
天丝	同上	同上	同上
牛奶纤维	同上	同上	同上
竹纤维	同上	同上	同上
大豆纤维	淡黄色	同上	同上

（二）弹性

弹性是指纤维在外力作用下发生形变，撤消外力后形变回复的能力。纤维的弹性在很大程度上决定了服装的抗皱性和外观保持性。用弹性好的纤维制成的服装，受外力形变后恢复快，不易形成折皱，外观保持性好，形状稳定性好，服装经久耐用。合成纤维中的涤纶具有优异的弹性，因此，常与各种天然纤维混纺以改善外观。近年来，弹力纤维被广泛应用于各种女内衣中，如女内衣外穿化和女内衣塑身美体化更应注重服装的弹性，使服装的外观能够始终保持如初。

女内衣用纤维中，涤纶、锦纶、氨纶、羊毛、聚乳酸纤维的弹性好，蚕丝、莫代尔、天丝、竹纤维的弹性较好，棉、彩棉、麻、黏胶的弹性较差。如女内衣中的文胸、收腹裤、收腰衣等常用涤纶、锦纶和氨纶纤维，在塑造女性曲线美的同时能保持内衣的形状稳定，保形性非常好。

（三）刚度

刚度是指纤维抵抗弯曲变形的能力。刚度小的纤维容易弯曲，制成的织物手感柔软舒适，悬垂性好。悬垂性是指织物在自然悬挂状态下，受自身质量及刚柔程度等影响而表现的下垂特性。悬垂性好的织物制成的服装能显示出人体曲线和曲面的美感。如蚕丝、黏胶、莫代尔、天丝等纤维的刚度小，悬垂性好，用其制作的女内衣更能突现女性的曲线美。

（四）可塑性

可塑性是指纤维在加湿、加热的状态下，通过机械作用改变形状的能力。一般合成纤维的可塑性较好，如合成纤维中的涤纶纤维具有良好的可塑性，因此，外穿的女内衣可以用涤纶纤维塑造出褶裥造型，并能永久定形。

二、耐用性能

纤维的强力、延伸性、弹性、耐磨性、耐热、耐光和耐化学药品等性能均会影响其使用寿命。不同女内衣对其耐用性要求不同，塑形性能要求高的女内衣对其耐用性要求较高。

（一）拉伸强度和延伸性

1. 拉伸强度

纤维在各种外力作用下会产生各种变形，沿着纤维长度方向作用的外力称为拉伸力。纤维在拉伸力作用下产生的伸长称为拉伸变形；纤维受拉伸以致断裂所需要的力称为绝对强力。由于纤维的粗细不同，无法比较其绝对强力的大小，因此常用相对强度进行比较。相对强度是指每特纤维能承受的最大拉伸外力，法定单位为"牛/特"（N/tex），有时也用"厘牛/分特"（cN/dtex）表示。

2. 延伸性

延伸性是指纤维在拉伸外力作用下伸长、变形的能力，常用纤维的断裂伸长率来表示。断裂伸长率是指纤维拉伸到断裂时的伸长量与纤维原长的百分比。断裂伸长率越大，表示纤维的延伸性越好。表2-2为女内衣常用纤维强度和断裂伸长率。

织物的耐用性不仅仅取决于纤维的强度，还取决于纤维的延伸性。一般而言，纤维的强度大，延伸性好，其织物的耐用性好；纤维的强度虽小，只要它的延伸性大，其织物的耐用性也好；纤维的强度虽大，但延伸性特小，它的耐用性也差。由表2-2可知，棉纤维的强度大于毛纤维，但断裂伸长率远远小于毛纤维，所以，在同等条件下，毛织物比棉织物耐用。氨纶的强度虽小，但它的断裂伸长率非常大，因此，在织物中加入少量的氨纶长丝，可提高其耐用性。

表2-2　女内衣常用纤维强度和断裂伸长率

纤维名称	干强（cN/dtex）	湿强（cN/dtex）	干断裂伸长率（%）	湿断裂伸长率（%）
棉	2.6~4.3	2.9~5.6	3~7	—
丝	3.0~3.5	1.9~2.5	15~25	27~33
毛	0.9~1.5	0.7~1.4	25~35	25~50
普通黏胶短纤维	2.2~2.7	1.2~1.8	16~22	21~29
普通黏胶长丝	1.5~2.0	0.7~1.1	10~24	24~35
涤纶短纤维	4.2~5.7	4.2~5.7	35~50	35~50
涤纶长丝	3.8~5.3	3.8~5.3	20~22	20~22
锦纶6长丝	4.2~5.6	3.7~5.2	28~45	36~52
腈纶短纤维	2.5~4.0	1.9~4.0	25~50	25~60
氨纶长丝	0.4~0.9	0.4~0.9	450~800	—
莫代尔	3.4~3.6	2.0~2.2	12~14	13~15
大豆蛋白纤维	4.2~5.4	3.9~4.3	18	21
聚乳酸纤维	4.0~4.9	—	30	—
天丝	3.8~4.2	3.4~3.8	14~16	16~18
牛奶蛋白纤维	3.1~3.4	2.8~3.7	15~25	15~25
蚕蛹蛋白黏胶长丝	1.6~1.8	0.8~0.9	18~22	25~28

（二）耐磨性

耐磨性是指纤维承受外力反复多次作用的能力，其耐磨性直接影响内衣的结实、耐用性。耐磨性好的纤维制成的女内衣结实耐穿；反之，其女内衣在穿着的过程中已损坏。

女内衣常用纤维的耐磨性顺序为：锦纶＞涤纶＞腈纶＞氨纶＞羊毛＞蚕丝＞棉＞麻＞黏胶纤维。

（三）耐气候性

服装在穿着过程中不仅受到日光照射，还会受到不同程度的风雪、雨露、霉菌、昆虫和大气中各种气体和微粒的侵袭。纤维抵抗这种侵袭的性能，称为耐气候性，通常主要指耐光性。日光中的紫外线会使纤维发黄、变脆，强度降低。耐日光性虽对开发室外工作服和日常外出服装很重要，但现流行内衣外穿，且内衣需要经常洗涤、晾晒，因而，内衣的耐光性也不可忽视。表2-3为常用纤维在不同日晒时间时的强度损失率。

表2-3 不同日晒时间与纤维强度损失

纤维名称	日晒时间（h）	强度损失（%）	纤维名称	日晒时间（h）	强度损失（%）
棉	940	50	涤纶	600	60
羊毛	1 120	50	锦纶	200	36
蚕丝	200	50	腈纶	900	16～25
黏胶纤维	900	50	聚乳酸纤维	500	45

由表2-3可知，腈纶具有很强的耐光性，日晒900 h后，其强度仅损失16%～25%；而蚕丝纤维耐光性最差，日晒200 h，其强度损失达到50%。纤维日晒后强度下降的顺序为：腈纶＞麻＞棉＞羊毛＞黏胶纤维＞聚乳酸纤维＞涤纶＞氨纶＞锦纶＞蚕丝。日光可使强度下降，且颜色泛黄的纤维有：蚕丝、羊毛、锦纶等。

（四）耐化学品性

耐化学品性是指纤维抵抗化学品破坏的能力。纤维在纺织染整加工中需使用各种化学品，在穿着过程中需要洗涤，也同样可能使用含有酸、碱等化学品，为了使女内衣在洗涤的过程中不受破坏，必须了解女内衣常用纤维的耐酸碱性。

一般纤维素纤维对碱的抵抗力较强，而对酸的抵抗力较弱；蛋白质纤维对酸的抵抗力较对碱的抵抗力强，无论是强碱还是弱碱都会使纤维受到不同程度的损伤，甚至分解。合成纤维的耐酸碱能力均优于天然纤维。表2-4为女内衣常用纤维的耐酸碱性能。新型纤维的耐酸碱性应参考同类纤维的耐酸碱性适当掌握。

表2-4 女内衣常用纤维的耐酸碱性

纤维名称	耐酸性	耐碱性	耐氧化性
棉	热稀酸、冷浓酸可使其分解，在冷稀酸中无影响	在苛性钠溶液中膨润（丝光化），但不损伤强度	一般氧化剂可使纤维发生严重降解
羊毛	在热硫酸中会分解，对其他强酸具有抵抗性	在强碱中分解，弱碱对其有损伤	在氧化剂中受损，羊毛的性质发生变化，卤素还能降低羊毛的缩绒性

续 表

纤维名称	耐酸性	耐碱性	耐氧化性
桑蚕丝	热硫酸会使其分解，对其他强酸抵抗性比羊毛稍差	丝胶在碱中易溶解，丝素受损伤，但比羊毛好	含氯的氧化剂能使丝素发生氧化裂解
黏胶纤维	热稀酸、冷浓酸可使其强度下降，以至溶解；5%盐酸和11%硫酸对纤维强度无影响	强碱可使其膨润，强度降低；2%苛性钠溶液对其强度无甚影响	不耐氧化剂，与棉类似
大豆蛋白纤维	在浓盐酸中可完全溶解；在浓硫酸中很快溶解，但残留部分物质；在冷稀酸中只有少量溶解	在稀碱溶液中即使煮沸也不溶解，在浓碱中经煮沸后颜色变红	在双氧水中纤维软化，起初略显黄色，最终颜色变白；在次氯酸钠溶液中软化，颜色较白
涤纶	35%盐酸、75%硫酸和60%硝酸对其强度无影响，在96%硫酸中会分解	10%苛性钠溶液、28%氨水中，强度几乎不降低；但遇强碱时要分解	在双氧水及次氯酸钠溶液中强度几乎不降低
锦纶6	16%以上的浓盐酸及浓硫酸、浓硝酸可使其部分分解而溶解	在50%苛性钠溶液或28%氨水中强度几乎不降低	在浓度较高、温度较高及PH值较大的双氧水及次氯酸钠溶液中，强度下降很大
腈纶	35%盐酸、65%硫酸和45%硝酸对其强度无影响	在50%苛性钠溶液或28%氨水中强度几乎不降低	在双氧水及次氯酸钠溶液中强度下降较小

（五）耐热性

耐热性是指纤维抵抗温度的能力。纤维在一定的温度作用下，强度和弹性均会降低。合成纤维，尤其是锦纶、氨纶受热后会收缩，甚至熔融；而天然纤维和蛋白质纤维在高温作用下，将会直接分解、变黄，甚至炭化变黑。表2-5为纤维在不同温度、不同时间处理后剩余强度，表2-6为竹原纤维和竹浆纤维在不同温度、不同时间处理后强度损失率。

表2-5 纤维在不同温度、时间处理后剩余强度（单位：%）

纤维名称	20℃未加热	100℃		130℃	
		20（d）	80（d）	20（d）	80（d）
棉	100	92	68	38	10
蚕丝	100	73	39	—	—
黏胶纤维	100	90	62	44	32
锦纶	100	82	43	21	13
涤纶	100	100	96	95	75
腈纶	100	100	100	91	55

由表2-5可知，涤纶纤维的耐热性最好，蚕丝的耐热性最差。其他纤维随处理温度

的升高和时间的延长，其强度都有不同程度的降低。

表2-6 竹原纤维、竹浆纤维强度损失率（单位：%）

温度（℃）		20	40	60	80	100	120	140
竹原纤维	10 min后	0	0.20	0.41	0.89	1.38	1.87	3.49
	30 min后	0	0.40	0.81	1.37	3.59	4.32	5.74
竹浆纤维	10 min后	0	-2.12	-2.03	1.65	2.34	3.56	5.78
	30 min后	0	-1.54	0.69	2.67	5.31	7.52	9.16

由表2-6可知，在140℃以下，短时间（10 min）的热处理对竹原纤维强度的影响不是很大，而竹浆纤维的强度在低温处理后反而有所增加；随着热处理温度升高，则强度略有下降；若热处理时间较长（30 min），则在温度较高时（如超过100℃），纤维强度有所降低，竹浆纤维降低会更大。

三、舒适性能

现代人在选择服装时不仅注重美观，而且也非常重视舒适性，尤其是普通女内衣等服装。舒适性是服装服用性能中最为重要的方面，是纤维为满足人体生理卫生需要所必需具备的性能。

（一）导热性

导热性是指纤维传到热量的能力。如果纤维能很快把人体的热量传导出去，人体就会感到凉爽，否则就会感到闷热。因此，导热性好的纤维，其保暖性就差。纤维导热性能用导热系数来表示，导热系数愈大，表示纤维的导热性能愈好。表2-7为女内衣常用纤维的导热系数。

表2-7 女内衣常用纤维的导热系数

纤维名称	导热系数［W/（m·℃）]	纤维名称	导热系数［W/（m·℃）]
蚕丝	0.05~0.055	涤纶	0.084
棉	0.071~0.073	腈纶	0.051
羊毛	0.052~0.055	静止空气	0.026
黏胶纤维	0.055~0.071	水	0.697
锦纶	0.244~0.337	—	—

由表2-7可知，羊毛、蚕丝和腈纶的导热系数都小于其他纤维，因此，穿着保暖性好。而静止空气的导热系数最小，所以它是理想的热绝缘体。合成纤维若采用中空的喷丝孔制成中空纤维，是最大限度地增加纤维层内静止空气的一种措施。因此，冬季保暖的女内衣应选择导热系数小的纤维或中空纤维制作。水的导热系数最大，约为纤维的10

倍，因此，当纤维潮湿时，导热性能增加，保暖性能下降。如冬季剧烈运动后，大量汗水浸湿女内衣，会有寒冷的感觉，这是体内热量散失造成的。

（二）吸湿性

吸湿性是指纤维吸收或放出气态水的能力。这一性能对女内衣穿着的舒适性、外观形态、质量和其他性能都有影响，因此在商业贸易、性能测试、女内衣加工中都要注意。表示纤维吸湿性常用的指标为回潮率 W，即：

$$W = \frac{G - G_0}{G_0} \times 100\% \tag{2-1}$$

式中：W——纤维材料回潮率（%）；

G——试样的湿重（g）；

G_0——试样的干重（g）。

为了测试计重和核价方便合理，需对各种纤维及其制品的回潮率规定一个标准，即公定回潮率，表2-8为女内衣用纤维的公定回潮率。公定回潮率越大，表示纤维的吸湿性能越好。

表2-8 女内衣用纤维的公定回潮率

纤维名称	公定回潮率（%）	纤维名称	公定回潮率（%）
棉	8.5	腈纶	2.0
羊毛	15.0	大豆纤维	6.8
蚕丝	11.0	牛奶蛋白复合纤维	8.6
黏胶纤维	13.0	蚕蛹蛋白黏胶长丝	15
涤纶	0.4	竹浆纤维	12
锦纶	4.5	聚乳酸纤维	0.5
氨纶	1.0	—	—

由表2-8可知，天然纤维和再生纤维具有较高的公定回潮率（虽然聚乳酸纤维的公定回潮率小，吸湿性能较差，但疏水性能较好，纤维具有独特的芯吸作用），所以可大量吸收人体的汗水，因此穿着舒适。特别是竹纤维和麻纤维，吸湿快，放湿也快，由其制作的女内衣穿着出汗时不贴身，舒适性更好。而合成纤维由于吸湿性能差，所以在闷热潮湿的气候下会感到很不舒服。因此，用吸湿性高的纤维与吸湿性低的纤维进行混合纺纱，制成的女内衣舒适度可得到提高。

（三）触觉感

纤维表面粗糙或光滑会影响与人体接触的舒适感，有的甚至会刺激皮肤，引起刺痒或皮炎。羊毛中，细毛的柔软性好，制作的女内衣柔软、舒适、保暖；而粗毛有刺痒感，不适合制作贴身女内衣。脱胶前的蚕丝触感较硬，而脱胶后的蚕丝柔软平滑，制成的女内衣与皮肤接触舒适感极佳。

（四）伸缩性

内衣的舒适性不仅指能适应人体的生理变化，使人的身心处于良好的状态，而且还应适应人体动作，在人体活动时伸缩自如，随身体运动而无束缚感、压迫感。因此，氨纶、聚酯纤维弹性丝 E-10 及 Lycra 902C 纤维均可满足以上要求，它们可用于各类弹力女内衣中，其中氨纶是女内衣制作中最常用的纤维。

（五）静电性

纺织纤维是电的不良导体，当人体活动时，皮肤与内衣间、内衣与外衣间相互摩擦，产生的电荷不易逸散而积聚在内衣上，就形成了静电。如果在黑暗中穿脱静电性较大的内衣，就能听到"叭、叭"的响声，并看到闪光，这就是内衣上积聚电荷，引起静电的现象。当人体活动时，由于内衣带静电而吸附在皮肤上，使人穿着很不舒服，并且带静电的内衣会吸附灰尘粒子，污染内衣，对健康极为不利。静电性主要与纤维的吸湿性有关，吸湿性好的纤维，导电性能好，不易积聚静电，如棉、毛、丝、黏胶、蚕蛹蛋白黏胶、竹浆等纤维的吸湿性好，导电性较强，不易产生静电。而合成纤维的吸湿性差，特别是涤纶、腈纶，几乎不导电，带电现象严重。用易产生静电的纤维做女内衣时，最好进行抗静电整理。

（六）密度

密度是指单位体积的纤维质量，常用"克/立方厘米"（g/cm^3）表示。表2-9 为纤维在标准状态下的密度。纤维的密度影响织物的覆盖性，密度小的纤维具有较大的覆盖性（能够覆盖或占有空间的大小）。在相同条件下，由密度小的纤维制成的女内衣质量较轻；反之，较重。随着人们生活水平的提高，健身和旅游已成为日常生活的一部分，人们总希望穿着质轻的内衣，因此，轻便舒适的女内衣越来越受到欢迎。

表2-9　纤维在标准状态时的密度

纤维名称	密度（g/cm^3）	纤维名称	密度（g/cm^3）
棉	1.54	腈纶	1.17
羊毛	1.32	大豆蛋白纤维	1.28
蚕丝	1.33	天丝	1.56
黏胶纤维	1.50	莫代尔	1.45 ~ 1.52
涤纶	1.38	牛奶蛋白纤维	1.29
锦纶	1.14	聚乳酸纤维	1.25
氨纶	1.00 ~ 1.30	—	—

由表2-9 可知，锦纶、腈纶纤维的密度小，大豆蛋白纤维、牛奶蛋白纤维、聚乳酸纤维的密度较小，由这些纤维制成的女内衣质轻，且穿着舒适。

第三节　纱线

纱线是由纤维经纺纱加工而成的具有一定粗细的细长物体，是机织物、针织物、缝纫线、绣花线等的基本线材。所以，纱线是构成纤维女内衣的基本组成要素。纱线的形态结构和性能为女内衣创造各类花色品种，并在很大程度上决定了女内衣的表面特征、风格和性能，如表面的光滑性、保暖性、透气性、丰满性、柔软性、弹性、耐磨性、起毛起球性等方面。

一、纱线的分类和结构

（一）纱线的分类

1. 按纱线的形态结构分

（1）短纤维纱

短纤维纱是指由短纤维经纺纱加工而成的。纱线的基本组成单元是短纤维，即天然短纤维和化学短纤维。化学短纤维是根据用途在纺丝时将化纤长丝切断或拉断成短纤维，一般有棉型化纤、毛型化纤和中长型化纤三种，棉型化纤长度类似棉纤维，即通常为30～40 mm；毛型化纤长度类似羊毛纤维，即一般为75～150 mm；中长型化纤长度介于棉型化纤与毛型化纤之间，即40～75 mm。

短纤维纱分为单纱和股线。单纱是由几十根或上百根短纤维经加捻而组成连续纤维束，称单纱，简称纱。股线是由两根或两根以上的单纱并合加捻而成为股线，简称线。纱线是纱和线的总称。图2-6为单纱的形态，图2-7为股线中的双股线的形态。

短纤维纱通常结构较疏松，且表面覆盖着由纤维端形成的绒毛，故光泽柔和，手感柔软，覆盖能力强，具有较好的服用性能。因此，短纤维纱适合制作柔软舒适的女内衣。

图2-6　单纱　　　　　　　　　　图2-7　双股线

（2）长丝纱

长丝纱是直接由高聚合物溶液喷丝而成的长丝或由蚕吐出的天然长丝制成。根据其外观可分为单丝、复丝和捻丝。单丝是长度很长的连续单根纤维；复丝是由两根或两根以上的单丝并和在一起的丝束；捻丝是复丝经加捻而制成的丝。图2-8和图2-9为单丝和复丝的形态。

图2-8　单丝　　　　　　　　　　图2-9　复丝

长丝纱具有良好的强度和均匀度，可制成很细的纱线，其外观和手感取决于纤维的光泽、手感和断面形状等特性。化学长丝纱比化学短纤维纱手感光滑、凉爽，覆盖性差和光泽度好。长丝纱适合制作透明、塑身美体等女内衣。

（3）特殊纱线

特殊纱线分为变形长丝纱、花式纱线和包芯纱。变形长丝纱是指化纤原丝经过变形加工后，使之具有卷曲、螺旋、环圈等外观特性，从而呈现蓬松性、伸缩性的长丝纱（图2-10）。以蓬松性为主的称为膨体纱，其蓬松、柔软，保暖性好，适用于保暖女内衣；以弹性为主的称为弹力丝。弹力丝又分为高弹丝和低弹丝：前者具有优良的弹性变形和回复性能，而蓬松性一般，适宜做紧身女内衣；后者具有一定的弹性和一定的蓬松性，织成的织物尺寸比较稳定，主要用于要求保形性较好的女内衣。

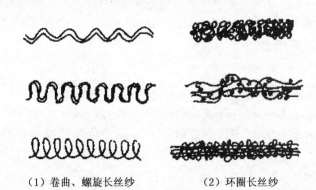

（1）卷曲、螺旋长丝纱　　　　（2）环圈长丝纱

图2-10　变形长丝纱

花式纱线是指通过各种加工方法而具有特殊的外观、手感、结构和质地的纱线，其主要特征是纱线粗细不匀或捻度不匀，色彩差异，或有圈圈、结子、绒毛等新颖外观。花式纱线一般外观新颖别致，但强力低，耐磨性差，容易勾丝和起毛起球，一般用于时尚个性的女内衣。图2-11为女内衣常用几种花式纱线的形态结构。

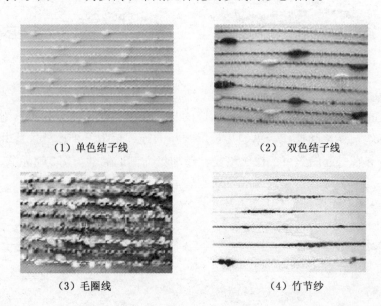

（1）单色结子线　　　　　　　（2）双色结子线

（3）毛圈线　　　　　　　　　（4）竹节纱

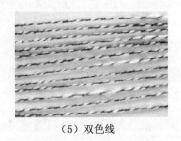 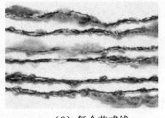

(5) 双色线　　　　　　　　　(6) 复合花式线

图2-11　花式纱线

包芯纱由芯纱和外包纱组成（图2-12）。芯纱在纱的中心，通常为强度和弹性都较好的合成纤维长丝（氨纶丝、涤纶丝、锦纶丝、腈纶），外包棉、毛等短纤维纱或长丝纱。这样的包芯纱既具有天然纤维的良好外观、手感、吸湿性和染色性能，同时兼有长丝的强度、弹性和尺寸稳定性。例如，以腈纶为芯，外包棉纤维纱时，其包芯纱具有棉纤维的手感和腈纶的轻暖及柔软性，用于保暖女内衣；以氨纶长丝为芯，可制成弹力女内衣，这种包芯纱在女内衣中已广泛应用。

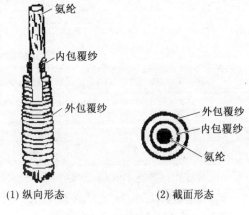

(1) 纵向形态　　　(2) 截面形态

图2-12　包芯纱的结构

2. 按纱线的原料分

（1）棉纱线

棉纱线是指由棉纤维构成的纱线。由于它的舒适性非常好，已在内衣制作中广泛应用。

（2）毛纱线

毛纱线是指由毛纤维构成的纱线，主要用于高档的保暖女内衣。

（3）蚕丝线

蚕丝线俗称丝线，其产品有生丝、熟丝、厂丝、土丝、绢丝等。生丝是经缫丝工艺直接从蚕茧的茧衣中抽取的丝，其光泽较暗、手感生硬。生丝经过精练处理，去除丝胶后成为熟丝或练丝，其光泽优雅、色泽白净、手感柔顺。厂丝是指用完善的机械设备和工艺缫制而成的蚕丝，其品质细洁、条干均匀、粗节少，一般用于高档的丝绸女内衣。土丝是指手工缫制的蚕丝，其光泽柔润，但糙节较多，条干不均匀，品质远不及厂丝，用于织制较低档的丝绸女内衣。绢丝是由茧与丝的下脚料经过纺纱加工而得到的纱线，它属于短纤维纱，一般用于制作中档的丝绸女内衣。

（4）化纤纱线

化纤纱线有长丝纱和短纤维纱之分。长丝纱有单丝和复丝，短纤维纱有棉型纱线、毛型纱线、中长型纱线三种。棉型纱线是指用棉型化纤纺成的纱线，主要用于棉混纺或仿棉织物，毛型纱线是指用毛型化纤纺成的纱线，主要用于毛混纺或仿毛织物；而中长型纱线是指用中长型化纤纺成的纱线，主要用于仿毛织物。

（5）金银丝

金银丝大多是采用涤纶薄膜，在其上镀一层铝箔，外涂树脂保护层，经切割而成。如：铝箔上涂金黄涂层为金丝，涂无色透明层为银丝，涂彩色涂层为彩丝。金银丝在女内衣中主要起装饰美化的作用。

（6）混纺纱线

混纺纱是指由两种或两种以上的纤维经混合纺纱工艺加工而成的纱线。混纺的目的是降低成本、取长补短、增加品种、获得特殊风格。混纺纱在女内衣中的用途较为广泛。

表 2-10 是几种常用纤维在混纺中所起的作用比较。

表 2-10　几种常用纤维在混纺中所起的作用

作用	棉	毛	黏胶	涤纶	锦纶	腈纶
蓬松性	差	优	中	差	差	优
强度	中	差	中	优	优	中
耐磨性	中	好	差	优	优	中
吸湿性	优	优	优	差	差	差
干态折皱回复性	差	优	差	优	中	好
湿态折皱回复性	差	中	差	优	中	中
尺寸稳定性	中	差	差	优	优	优
抗起球性	优	差	优	差	差	中
抗静电性	优	好	优	差	差	差

由表 2-10 可知，涤/棉混纺纱比纯棉纱的强度高，弹性、抗皱性好，但易起毛起球，易产生静电；涤/棉混纺纱比纯涤纶纱的吸湿性好，抗起毛起球、抗静电性能好，但强度低，弹性、抗皱性、耐磨性差。

3. 按纺纱工艺分

（1）棉纱线

按纺纱工艺，棉纱线可分为精梳棉纱和普梳棉纱。精梳棉纱是指棉纤维在棉纺纺纱系统普通梳理加工的基础上，又经过精梳加工过程。精梳加工过程去除了一定长度以下的短纤维及杂质，并经过多次梳理，使得纱条中的纤维平行顺直，条干均匀，纱身光洁，纱线细，其外观和品质均优于普梳棉纱（图 2-13，图 2-14）。精梳棉纱常用于高档女内衣，普梳棉纱常用于中低档女内衣。

图 2-13　精梳棉纱

图 2-14　普梳棉纱

（2）毛纱线

按纺纱工艺，毛纱线可分为精梳毛纱和粗梳毛纱。精梳毛纱所用纤维品质好，并经过精梳加工工序，纱条中纤维平行顺直，条干均匀、光洁，纱线细，其外观和品质均优于粗梳毛纱。精梳毛纱常用于高档女保暖内衣，粗梳毛纱常用于中低档女保暖内衣。

4. 按纺纱方法分

按纺纱方法分，女内衣用纱线可分为环锭纱、气流纱和包缠纱。

（1）环锭纱

环锭纱是指用传统的环锭细纱机纺成的纱线，是现在最为普遍的一种纺纱方法，纺纱时，须条通过钢丝圈绕在锭子上旋转，并进行加捻［图2-15（1）］。

（2）气流纱

气流纱的纺纱方法属于自由端纺纱，即纺纱时加捻须条发生断裂，通过转杯高速转动，形成负压，使须条加捻［图2-15（2）］。

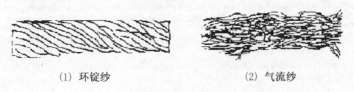

（1）环锭纱　　　　　　　（2）气流纱

图2-15　环锭纱与气流纱的形态结构

气流纱比环锭纱蓬松、耐磨，染色性能好，棉结杂质和毛羽少，其主要缺点是强度较低。环锭纱在女内衣中的用途较广，而气流纱适用于蓬松性和柔软性较好的女内衣。

（3）包缠纱

包缠纱是利用空心锭子所纺制的纱（图2-16）。由于其纱芯纤维无捻，呈平行状，所以也称平行纱。包缠纱属于双组分纱线，即由长或短的纤维组成纱芯，外缠单股或多股长丝线。包缠纱的强度、耐磨性等品质均比环锭纱好，且手感蓬松、柔软。

图2-16　包缠纱

以棉纱为芯，外包35%～50%真丝，纱线具有平滑和蓬松的表面。使用这种纱线织成的织物有极好的吸湿性能，穿着舒适，有真丝外观。这种织物可代替真丝织物，适用于制作舒适性、美观性较好的女内衣。

以羊毛为芯，外包真丝。这种纱线具有羊毛的保暖性和真丝的光泽和外观，可用于冬季高档的女内衣。

以锦纶或涤纶为芯，外包真丝的包缠纱，其织物具有优良的悬垂性、抗皱性和光泽，耐用性也较好，可用于保形性、舒适性和美观性要求较高的高档女内衣。

以氨纶为芯，外包10%～20%合纤长丝或蚕丝长丝，使纱具有良好的弹性。由真丝包缠氨纶而成的弹力真丝包缠纱，已用于高档弹力女内衣，既具有真丝的触觉快感和视觉美感，又能随身体运动而伸缩自如，无束缚感。

5. 按用途分

（1）机织用纱

机织用纱可分为经纱和纬纱，由于织造的需要，一般要求经纱品质较高，特别是强度和耐磨性要大，纬纱的要求相对较低。

（2）针织用纱

与机织用纱相比，针织用纱的捻度略小于机织用纱，因为针织用纱的强度、柔软性、延伸性、条干均匀度等指标要适应弯曲成圈的要求，同时使织物具有结构较蓬松、手感柔软等特点。

（3）其他用途纱线

包括缝纫线、刺绣线、编结线等。

（二）纱线的捻向和捻度

为形成具有一定强度的纱线，需进行加捻；同时，加捻可以改变纱线的弹性、手感和光泽。纱线的加捻包括两个方面，即捻向和捻度。

1. 捻向

捻向是指纱线加捻时旋转的方向。加捻是有方向的，一种是从下向上，从左到右，称为反手捻或左手捻，又称Z向捻；另一种是从下向上，从右到左，称为顺手捻或右手捻，又称S向捻（图2-17）。

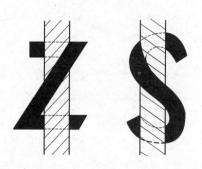

图2-17　纱线的捻向

一般单纱大多采用Z捻，股线采用S捻。股线捻向的表示方法是第一个字母表示单纱的捻向，第二个字母表示股线的捻向。经过两次加捻的股线，第三个字母表示复捻的捻向。例如，单纱捻向为Z捻，初捻（股线加捻）为S捻，复捻为Z捻，这样加捻后的股线捻向以"ZSZ"表示。纱线的捻向对织物的光泽、厚度和手感都会有一定的影响。

2. 捻度

捻度是指纱线单位长度内的捻回数。通常化纤长丝的单位长度取1 m，短纤维纱线的单位长度取10 cm，蚕丝的单位长度取1 cm。

纱线加捻的捻度直接影响纱线的性能。由于纱线捻度的增加，使其紧密度增大、直径变小、强度变高（一定范围内），纱线上毛羽紧贴表面，故覆盖能力降低，纱线光滑，手感更加挺爽。纱线按其加捻程度不同分为弱捻纱、中捻纱和强捻纱等。纱线加捻程度的大小对织物厚度、强度、耐磨性，以及手感、风格，甚至外观都有很大的影响。如弱捻的主要作用是增强纱线的强度，削弱纱线的光泽；而强捻的主要作用是使织物表面皱缩，产生折皱效应或高花效果，增加织物的强度和弹性。值得注意的是，由于纱线的粗细不同，其加捻程度不能单纯由捻度来衡量。

二、纱线的细度

纱线的细度主要是指纱线的粗细程度，纱线的粗细影响女内衣的结构、外观和服用性能，如厚度、刚度、覆盖性和耐磨性等。在相同的条件下，纱线越细，其制作的女内衣越轻薄；反之，越厚实。

（一）纱线细度的表示方法

纱线细度表示方法有直接指标和间接指标两种，但由于直接指标（如直径、面积、周长）的测量较困难，故很少使用。表示纱线粗细的指标，按我国法定计量单位，常采用线密度。表示纱线粗细的方法有定长制和定重制两种：前者数值越大，表示纱线越粗，如线密度和纤度；后者数值越大，表示纱线越细，如公制支数和英制支数。

1. 线密度（Tt）

线密度指 1 000 m 长的纱线，在公定回潮率时的质量克数。若纱线长度为 L（m），公定回潮率时的质量为 G（g），则该纱线的线密度为：

$$\text{Tt} = \frac{G}{L} \times 1\,000 \tag{2-2}$$

线密度的单位为特克斯，简称特，单位符号为"tex"。其值越大，表示纱线越粗。股线的线密度，以组成股线的单纱线密度乘合股数表示。如单纱为 14 tex 的双股线，则股线线密度为 14 tex×2。当股线中两根单纱的线密度不同时，则以单纱的线密度相加来表示。

2. 纤度（N_{den}）

纤度指 9 000 m 长的纱线在公定回潮率时的质量克数。若纱线长度为 L（m），公定回潮率时的质量为 G（g），则该纱线的纤度为：

$$N_{\text{den}} = \frac{G}{L} \times 9\,000 \tag{2-3}$$

纤度的单位为旦（尼尔），单位符号为"den"。其值越大，表示纱线越粗。纤度通常用来表示化学纤维和长丝的粗细。如复丝由 n 根纤度为 D den 的单丝组成，则复合丝的纤度为 nD den。股线的纤度表示方法是常把股数写在前面，如 2×70 den，表示两股 70 den的长丝线；2×3×150 den，表示该复合股线先由两根 150 den 的长丝合股成线，然后再将三根股线复捻而成。

3. 公制支数（N_{m}）

公制支数指公定回潮率时 1 g 纱线所具有的长度米数。若纱线长度为 L（m），公定回潮率时的质量为 G（g），则该纱线的公制支数为：

$$N_{\text{m}} = \frac{L}{G} \tag{2-4}$$

公制支数的单位为公支。其值越大，表示纱线越细。股线的公制支数以组成股线的单纱支数除以合股数表示。如 50/2 表示单纱为 50 公支的双股线。如果组成股线的单纱支数不同，则用斜线将单纱支数分开。如股线由 21 公支、22 公支、23 公支的单纱加捻而成，其公制支数表示为 21 公支/22 公支/23 公支。

4. 英制支数（N_e）

英制支数指公定回潮率时 1 lb 纱线所具有的长度码数。其标准长度视纱线种类不同而不同。如棉型和棉型混纺纱长 840 yd 为 1 英支，精梳毛纱 560 yd 为 1 英支，而粗梳毛纱 256 yd 为 1 英支，麻纱线则 300 yd 为 1 英支，等等。英制支数常用来表示棉纱线的细度。股线的英制支数的表示方法与股线的公制支数的表示方法相同，只是在每个英支数值的右上角加"s"，以表示与公制支数的区别。如 $50^s/2$、$21^s/22^s/23^s$。

（二）纱线细度指标间的换算关系

$$1 \ Tt = 1\ 000/N_m = 0.\ 111 \times N_{den} = C/N_e \qquad (2-5)$$

式中：C 为换算常数（纯棉纱为 583，化纤纱为 590）。

三、纱线品质对女内衣的影响

由纱线结构所决定的纱线品质，影响织物的外观和性能，并影响女内衣的外观审美和内在穿着的舒适性、耐用性和保养性。

（一）外观

女内衣的表面光泽除了受纤维的性质、织物组织、密度和后整理加工等因素的影响外，也与纱线的结构特征有关。

普通长丝纱织成女内衣表面光滑、光亮、平整、均匀。由短纤维纱织成的女内衣，由于短纤维绒毛多、光泽少，对光线的反射随捻度的大小而变。当无捻时，光线从各根散乱的单纤维表面散射，因此纱线光泽较暗；随着捻度增加，光线从比较平整光滑的表面反射，可使反射量增加到最大值；但继续增加捻度，反而会使纱线表面不平整，光线散射增加，故亮度又减弱。

采用强捻纱所织成绉织物的女内衣表面具有分散且细小的颗粒状绉纹，所以女内衣表面反光柔和；而用光亮的长丝织成缎纹织物的女内衣表面具有很亮的光泽；起绒织物的女内衣中的纱线捻度较低，这样便于加工成毛茸茸的外观。

纱线的捻向也影响女内衣的光泽与外观效果，如平纹织物的女内衣中，经纬纱捻向不同，则女内衣表面反光一致，光泽度较好，松厚柔软。斜纹织物的女内衣中，当经纱采用 S 捻、纬纱采用 Z 捻时，则经纬纱捻向与斜纹方向相垂直，因而纹路清晰。又当若干根 S 捻、Z 捻纱线相间排列时，女内衣表面将产生隐条、隐格效应。当 S 捻和 Z 捻纱捻合在一起时，或捻度大小不等的纱线捻合在一起构成的女内衣，表面会呈现波纹效应。

捻度小的纱线易使女内衣表面起毛起球。

当单纱的捻向与股线的捻向相同时，纱中纤维倾斜程度大，光泽较差，捻回不稳定，股线结构不平衡，容易产生扭结。当股线的捻向与单纱捻向相反时，股线柔软，光泽好，捻回稳定，结构均匀平衡。多数女内衣中的纱线采用单纱和股线异向捻。如单纱为 Z 捻，股线为 S 捻，由于股线结构均衡紧密，股线强度一般也较大。

（二）舒适性

1. 手感

纱线的捻度对女内衣的手感有一定的影响。通常普通长丝纱具有蜡状手感，而短纤维纱有温暖感。随着捻度的增加，纱线结构紧密，手感越来越硬，故制作出的女内衣手感也越来越挺括、凉爽。捻度大、手感挺括、凉爽的纱线适宜制作春季、夏季、秋季的女内衣，蓬松、柔软的纱线适宜制作冬季保暖女内衣。单纱与股线异向捻的纱线比同向捻纱线手感松软。

2. 保暖性

纱线的结构决定了纤维之间能否形成静止空气层，纱线的蓬松性有助于女内衣用来保持体温。另一方面，结构特松散的纱又会使空气顺利地通过纱线之间，空气流动将加强女内衣和身体之间空气的交换，会有凉爽的感觉。因此，结构紧密度适当的纱线能防止空气在纱中通过，会产生暖和的感觉。捻度大的低特纱，其绝热性比蓬松的高特纱差。含静止空气多的纱线的热传导性较小，保暖性好。所以，纱线的热传导性随纤维原料的特性和纱线结构状态的不同而有所差异。

3. 透气、透湿性

纱线的透气、透湿性能是影响服装舒适性的重要方面，而纱线的透气、透湿性又取决于纤维特性和纱线结构。如普通长丝纱表面较光滑，织成的织物易贴在身上，如果织物的质地又比较柔软、紧密，会紧贴皮肤，汗水就很难渗透织物，穿着后有不舒适的感觉。短纤维纱因有纤维的毛茸伸出织物表面，减少了织物与皮肤的接触，从而改善了透气性，使人体穿着舒适。经变形处理的合纤长丝就具有类似短纤维纱的品质。

（三）耐用性能

纱线的拉伸强度、弹性和耐磨性能等与女内衣的耐用性能紧密相关。而纱线的这些品质除取决于组成纱线的纤维固有的强伸度、长度、线密度等品质外，同时也受纱线结构的影响。通常，长丝纱的强力和耐磨性优于短纤维纱。这是因为长丝纱中纤维具有同等长度，能同等地承受外力，纱中纤维受力均衡，所以强力较大。又由于长丝纱的结构比较紧密，摩擦应力将分布到多数纤维上，所以纱中的单纤维不易断裂和撕裂。一般长丝的强度是用它的组成纤维全部强度的近似值来表示。而短纤维纱的强度除与纤维本身的性能有关外，还随纤维在纱中排列程度和捻度的强弱而变化，通常纱的强度仅是单纤维强度乘以纤维根数的 $1/4 \sim 1/5$。

纱线的结构也同样影响弹性。如果纱中的纤维可以移动，即使移动量很小，也能使织物具有可变性；反之，如果纤维被紧紧地固定在纱中，织物就显得板硬。若纱线中的纤维呈卷曲状，在一定外力下可被拉直，去除张力又能回复卷曲，使纱具有弹性。如纱线捻度大，纤维之间摩擦力大，纱中的纤维不容易滑动，所以纱的延伸性能差，随着捻度的减小，延伸性提高，但拉伸回复性能降低，这会影响女内衣的外观保持性。

纱线中所加的捻度明显地影响纱线在织物中的耐用性。捻度过低，纤维间抱合力小，受力后纱线很容易断裂，强度降低，而且捻度低的纱线易使女内衣表面产生勾丝、起毛起球；捻度过大时，则内应力增加，使纱线强度减弱。所以在中等捻度时，短纤维纱的耐用性最好。

思考与练习

1. 女内衣用纤维按来源可分为哪几类？常用的纤维有哪些？
2. 比较下列材料的服用性能的异同：
   棉纤维和莫代尔纤维；涤纶纤维和锦纶纤维；短纤维纱和长丝纱。
3. 说明下列内衣的纤维选用及理由：
   柔软吸汗舒适女内衣；塑身女内衣；保健女内衣；美肤舒适女内衣。
4. 弹力纤维有哪些？女内衣常用哪一种，它在女内衣中如何应用？
5. 外穿型内衣适合采用哪些纤维和纱线？
6. 衡量纱线细度的指标有哪些？比较 14 tex 棉纱、21^s 棉纱、36 den 化纤纱的粗细。
7. 解释纱线的捻度和捻向，并说明它们对女内衣的服用性能的影响。

第三章

女内衣用针织物

教学题目：女内衣用针织物

教学课时：10 学时

教学目的：

认识内衣用针织物的分类、结构特征、织造原理、织物种类和性能，学习相关织物的选择。

教学内容：

1. 纬编针织物的结构特征、织造原理、织物种类和性能

2. 经编针织物的结构特征、织造原理、织物种类和性能

3. 内衣用针织物的选择

教学方式：

辅以教学课件的课堂讲授；课堂讨论；认识试验和分析试验；市场调查；文献检索。

第一节　针织物概述

一、针织物的概念和分类

针织物是指用一根或一组纱线为原料，由纬编机或经编机加工形成线圈，再把线圈相互串套而形成的织物。针织物可先织成坯布，经裁剪、缝制而形成各种针织服装；也可直接制成全成型或部分成型的服装。针织物的生产效率高，质地柔软，延伸性和弹性较大，抗皱性和透气性良好，穿着舒适；缺点是容易勾丝，尺寸较难控制。改变组织结构可提高针织物的尺寸稳定性。针织物的这些特性使其十分适宜用作内衣材料。

针织物的生产方式有纬编和经编两种方式（图3-1～图3-3）。纬编针织机加工的织物即为纬编织物，经编针织机加工的织物即为经编织物。

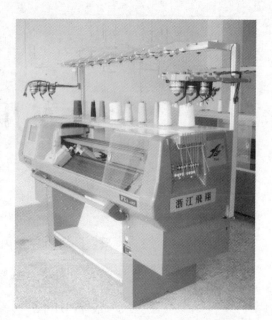

图3-1　针织横机

图3-2　特里科经编机

图3-3　经编机成圈装置

针织物的基本单元是线圈。图3-4所示为纬编线圈，1—7段为一个完整的纬编线圈。其中1—2段和4—5段为圈柱，显示在纬编针织物的正面。2—3—4段和5—6—7段为圈弧，显示在纬编针织物的反面。A段表示圈距，B段表示圈高。纬编线圈具有左右对称的外观。

图3-5所示为经编线圈。a—b—c—d段为一个完整的纬编线圈。A段表示圈距，B段

表示圈高，L 段表示圈长，α 为经编线圈的倾斜角度。

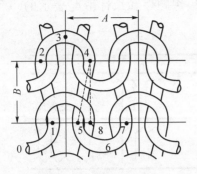

图 3-4　纬编线圈结构

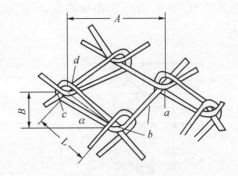

图 3-5　经编线圈结构

　　编织纬编针织物时，纱线沿纬向移动，依次在钩针上形成线圈，并且周而复始地编织，在经向同一行位置上的线圈相互穿套，沿经向不断延伸，形成纬编针织物（图 3-6）。编织经编针织物时，一组纱线由导纱针牵引，沿经向移动，且分别在两行或两行以上的钩针上形成线圈。与此同时，相邻的两根纱线形成的线圈相互穿套，在经向不断延伸而形成经编针织物（图 3-7）。

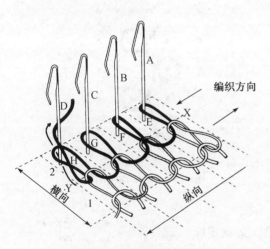

图 3-6　纬编成圈过程

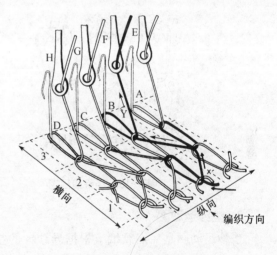

图 3-7　经编成圈过程

二、针织物的表示方法

（一）纬编针织物的表示方法

1. 线圈图

线圈图是用图形描绘出线圈在织物内形态的一种方法（图 3-4）。

2. 意匠图

意匠图是把针织物结构单元的组合规律，用指定的符号在小方格内表示的一种方法（图 3-8）。

3. 编织图

编织图是用图形将针织物的横断面形态，按编织顺序和织针情况表示的一种方法（图3-9）。

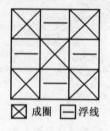

图 3-8　纬编意匠图

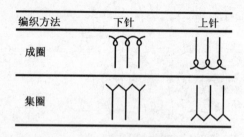

图 3-9　纬编编织图

（二）经编针织物的表示方法

1. 线圈图

线圈图又叫线圈结构图，可以清晰、直观地反映经编针织物的线圈结构和导纱针的运动情况，但表示与使用不方便（图3-10）。

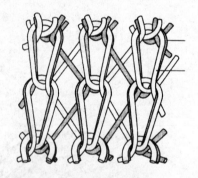

图 3-10　经编线圈图

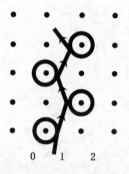

图 3-11　垫纱运动图

2. 垫纱运动图

垫纱运动图是在点纹纸上根据导纱针的垫纱运动规律，至下而上逐个横列画出其垫纱运动轨迹。点纹纸上每个小点代表一枚针的针头，小点的上方代表针前，小点的下方代表针后。横向的一排点代表经编针织物的一个线圈横列，纵向的一排点代表经编针织物的一个线圈纵行（图3-11）。

3. 垫纱数码

垫纱数码又称垫纱数字记录或组织记录，以数字顺序标注针间间隙的方法来表示经编组织。数字排列的方向与导纱梳栉横溢机构的位置有关（图3-12）。

图中 GB1 代表一把梳栉，横线连接的一组数字表示横列导纱针在针前的横移方向和距离。在相邻的两组数字中，第一组的最后一

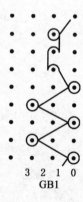

GB1：1—0/2—3/
1—0/2—3/1—0/
1—2/2—1/1—2//

图 3-12　垫纱数码图

个数字与第二组的起始数字表示梳栉在针背的横移情况。

三、针织物的量度

1. 匹长

匹长即织物长度，一般用"米"（m）表示。织物的实际匹长通常由织物的种类和用途而定。经编针织物的匹长多由定重方式确定。汗布匹重为 12 kg ± 0.5 kg；绒布匹重为 13 ~ 15 kg ± 0.5 kg。

2. 宽度

织物的宽度指织物的门幅，一般用"厘米"（cm）表示。经编针织物幅宽随品种和织物结构而定，一般为 150 ~ 180 cm；纬编针织物幅宽为 40 ~ 50 cm，主要取决于针织机规格、纱线和组织结构。

3. 厚度

织物的厚度是指在一定压力下织物的绝对厚度，单位为"毫米"（mm）。决定织物厚度的因素有纱线的粗细、织物密度、织物组织，以及纱线在织物中的弯曲程度等。

4. 质量

织物的质量常以"克/米"（g/m）或"克/平方米"（即面密度，g/m^2）表示。质量不仅影响服装的服用和加工性，也是计价的主要依据。汗布的面密度为 100 ~ 136 g/m^2；经编外衣布为 150 ~ 260 g/m^2；衬衣布为 80 ~ 100 g/m^2。

5. 线圈长度

线圈长度是指针织物中每个线圈的纱线长度，单位为"毫米"（mm）。线圈长度不仅决定针织物的密度，而且影响针织物的脱散性、强伸性、耐磨性、抗起毛起球性和抗勾丝性等。

6. 密度

当纱线原料和细度一定时，针织物的稀密程度可由密度表示。针织物的横向密度是指沿线圈横列方向 5 cm 内具有的线圈纵行数。纵向密度是指沿线圈纵行方向 5 cm 内具有的线圈横列数。总密度是指 5 cm × 5 cm 内的线圈数，等于横密和纵密的乘积。针织物横密与纵密之比为密度对比系数。

7. 未充满系数

未充满系数指线圈长度与纱线直径的比值，反映相同密度条件下纱线粗细对针织物疏密的影响。

8. 丰满度

丰满度是指单位质量的针织物所占的体积，表示针织物的丰满程度，单位为"立方厘米/克"（cm^3/g）。丰满度用厚度与标准状态下质量的比值进行计算。

第二节 针织物的结构特征

针织物的线圈按一定规律相互穿套，形成各种针织物组织。按线圈结构形态及其相互间的排列方式可分为基本组织、变化组织、花色组织和复合组织等类别。

一、纬编针织物的结构特征

（一）基本组织

基本组织由线圈以最简单的方式组合而成。基本纬编针织物组织包括纬平针组织、罗纹组织和双反面组织。

1. 纬平针组织

纬平针组织是由连续的单元线圈单向相互串套而成的单面纬编针织物。如图3-13所示，纬平针织物的两面具有不同外观，正面呈圈柱构成的"V"形外观，反面呈圈弧横向连接的波纹状外观。纬平针组织结构简单，表面平整，纵横向均有较好的延伸性，且横向的延伸性优于纵向，手感柔软，透气性好；但可沿织物横列和纵行方向脱散，有时还会产生线圈歪斜现象，织物两面受力不平衡，可导致较严重的卷边。纬平针组织在内衣上的应用非常广泛。

2. 纬编罗纹组织

纬编罗纹组织是由正面线圈纵行和反面线圈纵行以一定组合（如1+1，2+2，3+2，等）相间配制而成的双面纬编针织物（图3-14）。纬编罗纹组织的横向具有较大的弹性和延伸性，顺编织方向不易脱散，无卷边性，常用于要求较好弹性的内外衣，以及袖口、领口和裤口等部位。由罗纹组织派生的变化组织和复合组织广泛应用于针织内衣。

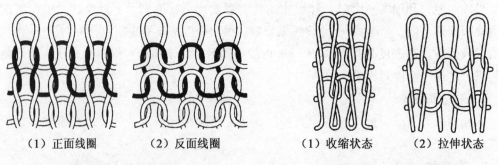

| （1）正面线圈 | （2）反面线圈 | | （1）收缩状态 | （2）拉伸状态 |

图3-13 纬平针组织 　　　　　　图3-14 纬编罗纹组织

3. 双反面组织

双反面组织是由正面线圈横列和反面线圈横列以一定的组合（如1+1，2+2，2+3，等）相互交替配制而成的双面针织物（图3-15）。

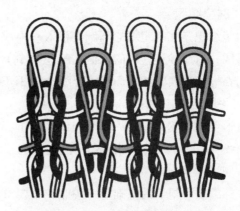

图 3-15 双反面组织 　　　　　　图 3-16 双罗纹组织

（二）变化组织

变化组织是在一个基础组织的相邻线圈纵行间，配置另一个或另几个基本组织的线圈纵行而成。

双罗纹组织俗称棉毛布，由两个罗纹组织复合织成（图 3-16）。即在一个罗纹组织的反面线圈纵行间配置另一个罗纹组织的正面线圈纵行，故织物正反面都显示为正面线圈。

（三）花色组织

花色组织是以基本组织或变化组织为基础，利用线圈结构的改变，或另外编入一些辅助纱线和其他纺织原料而成。

1. 集圈组织

集圈组织是在针织物的某些线圈上，除套有一个封闭的旧线圈外，还有一个或几个未封闭悬弧的一种纬编花色组织（图 3-17）。

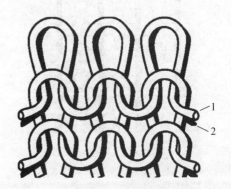

图 3-17 集圈组织 　　　　　　图 3-18 添纱组织

2. 添纱组织

添纱组织是指织物上的全部线圈或部分线圈由两根纱线形成，两根纱线所形成的线圈按照要求分别处于织物的正面和反面的一种纬编花色组织（图 3-18）。

3. 衬垫组织

衬垫组织是在地组织的基础上衬入一根或几根衬垫纱线，衬垫纱按一定的比例在某些线圈上形成悬弧，在另一些线圈的后面形成浮线（图3-19）。

4. 毛圈组织

普通毛圈组织是指每一个地组织线圈上都有一个毛圈线圈，此种织法得到的毛圈最密（图3-20）。

5. 纱罗组织

在纬编基本组织的基础上，按照花纹要求将某些针上的线圈转移到与其相邻的纵行的针上，形成纱罗组织（图3-21）。

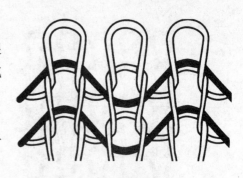

图3-19 纬编衬垫组织

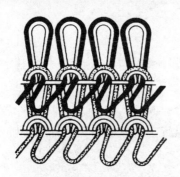

图3-20 毛圈组织

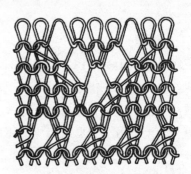

图3-21 纱罗组织

6. 衬经衬纬组织

在纬编地组织上衬入不参加成圈的经纱和（或）纬纱，所形成的组织为衬经衬纬组织（图3-22）。

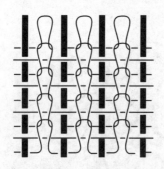

图3-22 衬纬组织

图3-23 单面提花组织

7. 提花组织

单面提花组织由平针线圈和浮线组成。单面均匀提花组织采用不同颜色或不同种类的纱线进行编织，每一纵行的线圈个数相同，大小基本一致。单面不均匀提花组织采用单色纱线进行编织（图3-23）。双面提花组织在具有两个针床的针织机上进行。织物正面按要求提花，反面按一定的结构进行编织。

（四）复合组织

复合组织是由两种或两种以上纬编组织复合而成。它可以由不同的基本组织、变化组织和花色组织复合而成。常用的复合组织包括双层组织、空气层组织和点纹组织等。

1. 双层组织

双层组织是指针织物的正反面两层分别织以平针组织，中间采用集圈线圈做连线。双层组织的正反面可由两种原料织成，分别发挥其优点。双层组织广泛应用于运动服装。

2. 空气层组织

空气层组织是指在罗纹或双罗纹组织基础上每隔一定横列数织以平针组织的夹层结构。典型的罗纹空气层组织为米拉洛罗纹组织，其横向延伸性小、厚实、挺括，保暖性好。空气层组织在内衣、毛衫中广泛应用。

3. 点纹组织

点纹组织是由不完全罗纹组织与平针组织复合而成，一个完全组织由四路成圈系统编织。根据成圈顺序不同可分为瑞士点纹和法式点纹。瑞士点纹组织结构紧密、横密大、纵密小、延伸小、表面平整；法式点纹组织横密变小、纵密增大、表面丰满。点纹组织常用于生产T恤衫、休闲服等。

二、经编针织物的结构特征

（一）基本组织

基本经编针织物包括编链组织、经平组织和经缎组织等。

1. 编链组织

编链组织是每根纱线始终在同一枚针上垫纱成圈的组织（图3-24）。编链组织每根经纱单独形成一个线圈纵行，纵向延伸性小。

2. 经平组织

经平组织是每根经纱在相邻两枚织针上交替垫纱成圈的组织。由两个横列组成一个完全组织（图3-25）。线圈呈倾斜状，具有一定的纵、横向延伸性。

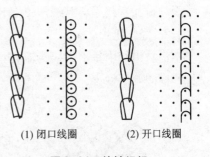

(1) 闭口线圈　　　(2) 开口线圈

图3-24　编链组织

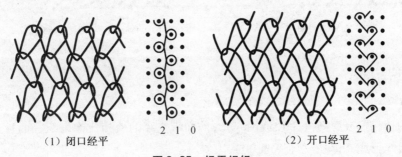

（1）闭口经平　　　　　　　　　　（2）开口经平

图3-25　经平组织

3. 经缎组织

经缎组织是每根经纱顺序地在三枚或三枚以上的织针上垫纱成圈，然后再顺序地返回原来过程中逐针垫纱成圈而织成的组织（图3-26）。由于不同方向倾斜的线圈横列对光线反射不同，织物表面形成横向条纹。

4. 重经组织

每根纱每次同时在相邻两枚针上垫纱成圈（图3-27）。

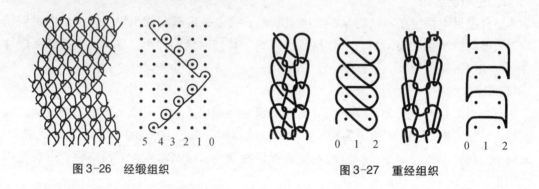

图3-26 经缎组织　　　　　　　图3-27 重经组织

（二）变化组织

1. 经绒组织

经绒组织由每根经纱轮流地在相隔两枚针的织针上垫纱成圈而形成（图3-28）。由于线圈纵行相互挤紧，其线圈形态较平整。

2. 经斜组织

经斜组织由每根纱线轮流在相隔三枚针的织针上垫纱成圈而成（图3-29）。其延展线长，横向延展性小。

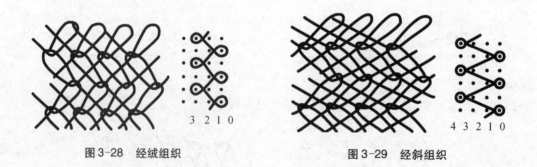

图3-28 经绒组织　　　　　　　图3-29 经斜组织

（三）花色组织

1. 绣纹经编组织

后面的梳栉形成底布（平纹或网眼），前面带空穿的梳栉成圈编织，而且常采用较长的针背垫纱，形成立体花纹（图3-30）。

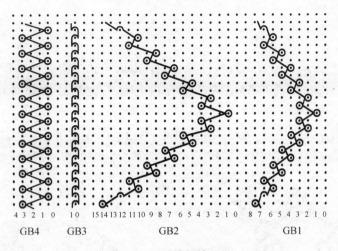

图 3-30　绣纹经编组织

2. 缺压经编组织

在编织某些横列时，全部针或部分针不压针，旧线圈不能脱下，隔一个或几个横列再进行压针，旧线圈才脱下，形成长拉线圈（图 3-31）。

3. 压纱经编组织

一把（后）梳栉编织地组织，另一把（前）梳栉编织垫纱不成圈，纱线绕在线圈根部，此纱称为衬垫纱。衬垫纱在地组织上形成花纹（在坯布反面）。此结构能减少坯布横向拉伸性和脱散性（图 3-32）。

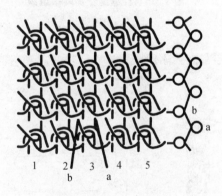

图 3-31　缺压经编组织

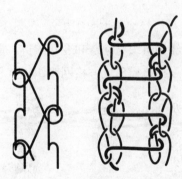

图 3-32　压纱经编组织

4. 网眼组织

相邻的线圈纵行在局部失去联系，从而在经编坯布上形成一定形状的网眼，这种组织称为网眼经编组织（图 3-33）。

（1）变化经平类网眼组织

采用经平与变化经平相结合的组织。在经平垫纱处形成较大的孔眼，变化经平纱处则用来封闭孔眼（图 3-34）。组织结构为：

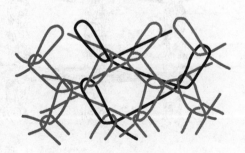

图 3-33　网眼组织

GB1：1—0/1—2/1—0/2—3/2—1/2—3//；GB2：2—3/2—1/2—3/2—0/1—2/1—0//。

（2）经缎组织类网眼组织

采用经缎垫纱方式，结合二梳栉部分穿经，形成带孔眼的经编坯布。通常在两把梳栉均为穿一空一时，最简单的是两把梳栉做对称的四列经缎垫纱运动，形成孔眼（图3-35）。组织结构为：

GB1：1—0/1—2/1—0/1—2/2—3/2—1/2—3/2—1//；GB2：2—3/2—1/2—3/2—1/1—0/1—2/1—0/1—2//。

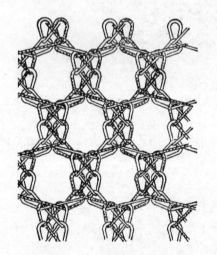

图3-34　变化经平类网眼组织

图3-35　经缎组织类网眼组织

（3）衬纬经编类网眼组织

衬纬经编组织与编链和变化编链一起形成网眼经编组织。

使用三把梳栉形成方格网眼织物（图3-36）。组织结构为：

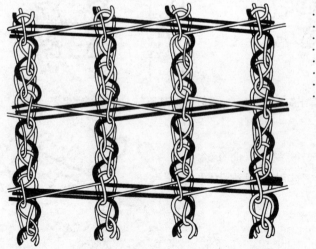

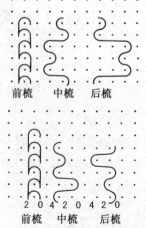

前梳　中梳　后梳

2 0 4 2 0 4 2 0

前梳　中梳　后梳

图3-36　方格网眼

GB1：1—0/0—1//；GB2：0—0/1—1/0—0/3—3/2—2/3—3//；GB3：2—2/1—1/2—2/0—0/1—1/0—0//。

两把满穿的梳栉可编织出六角形的网眼。这种网眼组织是花边的常用地组织。当后梳栉使用弹性纱线时，广泛用于腰带、女三角裤等女紧身衣领域（图3-37）。组织结构为：

GB1：1—0/0—1/1—0/1—2/2—1/1—2//；GB2：0—0/1—1/0—0/2—2/1—1/2—2//。

弹力网眼的四把梳栉均为半穿，两把前梳栉对称垫纱形成地组织，两把后梳栉对称垫纱形成衬纬组织。花纹和花纹之间绞结的纱线应与弹性纱线的针背垫纱方向相同（图3-38）。组织结构为：

GB1：1—0/1—2/2—1/2—3/2—1/1—2//；GB2：2—3/2—1/1—2/1—0/1—2/2—1//；GB3：1—1/0—0//；GB4：0—0/1—1//。

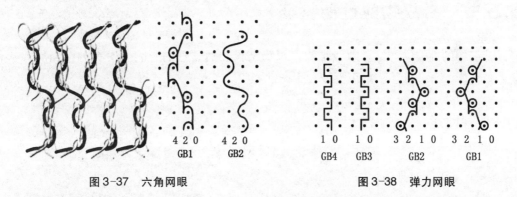

图3-37　六角网眼　　　　　　　图3-38　弹力网眼

5. 经编提花组织

提花经编织物机械主要有多梳栉经编织机和提花经编织机，主要厂家为卡尔迈耶纺织机械公司和利巴纺织机械公司。提花经编织物的地组织是不同形状的网孔组织，提花组织是不同密度的衬纬组织或压纱组织（图3-39）。地组织结构为：

GB1：0—1/1—0//；GB2：3—3/0—0/1—1/0—0/3—3/2—2//；GB3：0—0/2—2/1—1/2—2/0—0/1—1//。

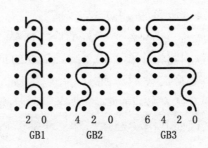

图3-39　经编提花地组织

基本垫纱采用衬纬组织结构0—0/2—2//。当贾卡梳栉受到移位针控制时，即产生侧向偏移，形成偏移变化组织。每把贾卡梳栉可形成三种提花效应，分别是密实组织、稀薄组织和网孔组织（图3-40）。按一定的规律组合，就能形成花纹图案。

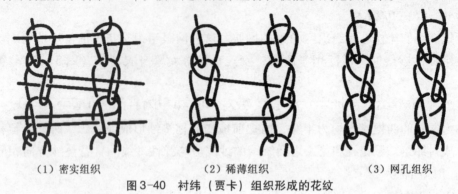

（1）密实组织　　　　　　（2）稀薄组织　　　　　　（3）网孔组织

图3-40　衬纬（贾卡）组织形成的花纹

第三节　针织物的性能特征

针织物的性能受纤维、纱线结构、织物结构和后整理的影响。内衣对性能的要求包括外观性能、舒适性能、耐用性能和生产性能等。

一、外观性能

（一）刚柔性和悬垂性

刚柔性是指织物的抗弯刚度和柔软度。织物抵抗弯曲、变形的能力称为抗弯刚度，也常用相反的特性——柔软度评价。织物的刚柔性直接影响内衣的廓形和合体程度。影响织物刚柔性的因素包括纤维弯曲性能、织物组织、织物紧度和密度、后整理等。刚柔性的客观评定方法包括适用于厚型织物的斜面法，以及适用于薄型和有卷边现象的织物的心形法。

面料在自然悬挂状态下，受自身质量、刚柔程度等影响而表现出来的下垂特性，称为悬垂性。悬垂性对内衣的优美感尤其重要。悬垂性与刚柔性有关，抗弯刚度大的织物悬垂性差。悬垂性的客观评定方法为伞形悬垂法。

纤维刚性大的纤维面料悬垂性差，柔软性好的纤维面料悬垂性好。锦纶的抗弯刚度小，织物柔软、不挺括。长丝织物比中长、棉型纤维织物的抗弯刚度小，手感柔软。黏胶纤维织物的抗弯刚度小、变形大且不易回复，有飘逸感，但易产生折皱。纯毛织物的抗弯刚度小、手感柔软，但具有较好的抗折皱性，因而既舒适又挺括。涤纶纤维的抗弯刚度较大且抗皱性好，因而其织物挺括。麻类纤维织物的抗弯刚度大，呈现硬挺的形态。

纤维和纱线细的织物悬垂性好，因而蚕丝织物、高支精梳棉织物、精纺毛织物的悬垂性好。而厚重面料的悬垂性下降。线圈结构的针织物的悬垂性好。

（二）抗折皱性和免烫性

内衣在穿着过程中经外力作用会折皱、变形。当外力消除后面料回复到原来状态或回复至一定程度的性能，称为折皱弹性。织物的形变形式有急弹性形变、缓弹性形变和塑性形变。抗皱性的测试采用凸条法。不同纤维织物的抗皱性比较：涤纶/丙纶/羊毛织物＞醋酯/腈纶织物＞黏胶/棉/麻/维纶/氯纶织物。针织织物的抗皱性大于机织物。织物越厚重，抗皱性越好。

材料洗涤后不经熨烫而能够保持平整状态的性能称为免烫性，又称洗可穿性。合成纤维面料的免烫性较好，其原因是纤维吸湿性小，织物湿态下的折皱弹性好且缩水率小。材料免烫性顺序为：涤纶＞腈纶＞锦纶/维纶。天然纤维和人造纤维面料的免烫性较差，其原因是纤维吸湿性较强，下水后收缩明显，干燥缓慢，表面不平整，皱痕明显，需经熨烫后才能穿用。

（三）染色牢度

染色织物在穿用和保管过程中，因光、汗、摩擦、熨烫等作用会发生褪色或变色。这种变异用染色牢度表示。染色牢度包括日晒牢度、水洗牢度、皂洗牢度、干湿摩擦牢度、汗渍牢度和熨烫牢度。染色牢度采用对照标准样照的方法来评定。

（四）起毛起球性

内衣织物的起毛起球性采用对照标准样照的方法来评定。

长丝面料不易起毛起球；粗纤维面料不易起毛起球；纤维强度高、伸长度好的合成纤维面料易起毛起球；天然纤维和人造纤维面料不易起毛起球；针织物比机织物易起毛起球；表面光滑的面料不易起毛起球；经后处理的面料不易起毛起球。

（五）抗静电性

材料与人体及外界物体进行摩擦会产生静电，抵抗静电产生的性能称为抗静电性。静电会造成服装缠身、吸尘沾污等现象。纤维吸湿性好的面料导电性好，不易积聚静电，因而抗静电性好。天然纤维面料、再生纤维面料的抗静电性好，合成纤维的抗静电性差。

二、舒适性能

内衣舒适性包括热湿舒适性、触觉舒适性和压力舒适性等。热湿舒适性是指人们穿着服装后，在不同的环境条件下，人体本身产生的热量、水分和周围环境中散失的热量、水分达到能量交换的平衡，使人体感到既不冷也不热，既不闷也不湿。触觉舒适性包括接触的舒适和静态的舒适，是指人体接触服装时皮肤表面感觉的舒适程度，如软硬、粗糙、刺痒、刺痛、静电和瞬间接触的冷暖等。压力舒适性是人体在穿着服装的过程中，由服装与人体皮肤间的相互作用引起的皮肤压感（也叫束缚感）。

针织物的组织结构、纤维成分含量、编织密度、纱线细度将直接影响到针织内衣的穿着舒适性。不同的组织结构、编织密度、纱线细度，将导致针织物的厚度不同，织物内部纱线之间的空隙不同，手感柔软度、透气导湿性能和保暖性能的不同，从而导致不同的舒适度；而不同纤维本身具有不同的长度、线密度、横截面形状，以及不同的吸湿、散湿和保暖性能，因此，不同的纤维成分含量也直接影响针织内衣的舒适性能。研究表明，相同组织的针织物加氨纶与不加氨纶时，由于弹性纤维的收缩作用，在针织线圈长度不变的情况下，圈距和圈高减小，织物编织密度增加，单位面积质量和厚度增加，织物透气性下降，内存空气量减少，保暖性能反而降低。研究者采用滴水法对十几种不同原料、组织的针织物的透液态水性能和散湿速度进行测试和比较。结果表明，棉针织物的吸水性好，但导湿、散湿慢，所以当出汗量不大时，棉针织物能提供较满意的舒适性；而大量出汗时，便会有闷热感；停止出汗后，人体又会有阴冷感。化纤针织物，尤其是远红外丙纶针织物则吸湿差，导湿好，大量出汗时不会有闷热感和阴冷感，适宜制作运动内衣。由于弹性针织内衣的规格尺寸小于人体尺寸，内衣在穿着过程中处于拉伸状态，对人体造成一定的压迫和束缚。

（一）压力舒适性

内衣压力的大小是评价内衣舒适性的重要指标之一。材料变形而产生的内应力（包括拉伸、压缩、剪切和弯曲应力）对人体接触部位产生束缚，因此，使人体感到压力。内衣压力的大小受内衣材质、内衣结构和穿着方式的影响。

针织面料以其良好的弹性和回复性而用来制作各种贴身、紧身和束身内衣。尤其是弹力纤维——氨纶等，在针织面料中的应用广泛。与普通针织面料相比，弹力针织面料具有易伸长、易回复、弹性好的力学特征。弹力针织面料本身会在弹性纤维的预应力下产生回缩，使面料初始状态更加紧密。在对面料施加外力时，弹性纤维伸长，而使面料这一部分已有回缩得以伸展，因此在这一拉伸阶段，弹性是由弹性纤维贡献的。随着拉伸的进行，由于组织结构的关系，部分组织（如罗纹组织、双反面组织等）的横行或纵列在平衡状态下所产生的遮盖，会在拉伸时产生伸展，从而与弹性纤维疲劳构成了面料第二拉伸阶段的弹性，接下来的拉伸则是线圈的转移和纱线的伸长为主所形成的弹性。根据穿着的不同要求，按针织面料的弹性大小可分为高弹、中弹和低弹三类。高弹面料具有高度的伸长性和快速的回弹性，弹性一般为30%～50%，弹性回复率一般为94%～95%；中弹面料也称舒适弹力织物，弹性一般为20%～30%，弹性回复率一般为95%～98%；低弹面料一般为低比例的氨纶弹性纱织物，弹性一般在20%以下，弹性回复率一般为98%以上。内衣压必然与针织面料的拉伸弹性和回复性相关。拉伸弹性的测试方法为定伸长和定负荷拉伸两种，所用指标包括：弹性伸长率 ε_e（%）、弹性回复率 R_e（%）、残余伸长率 ε_R（%）、拉伸功 W（N·m）、回复功 W_R（N·m）及最大拉力 F_{max}（N）。表3-1为测试四种针织面料的拉伸特性，其拉伸曲线分别如图3-41和图3-42所示。

表3-1　试样参数

面料	试样一	试样二	试样三	试样四
组织结构	平针集圈	1+1罗纹	2+4罗纹	2+2罗纹
氨纶含量（%）	3.7	3.4	3.6	3.8
面密度（g/m²）	177	200	280	240

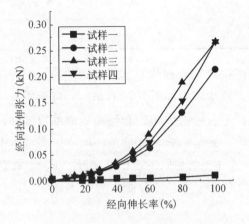

图3-41　针织面料的经向拉伸曲线　　　　图3-42　针织面料的纬向拉伸曲线

从图3-41可以看出，面料在拉伸起始阶段，面料拉伸负荷的微小增加会引起伸长率的很大增加。这部分的变形主要是由面料中的氨纶伸长及线圈纵列的伸展引起的。在这一阶段，伸长负荷的变化基本上是线性增加的。这一过程完成后，线圈的圈柱段开始转移成为圈弧段，此时的变形主要由该作用引起，这个过程就是拉伸的第二阶段，曲线呈非线性。在拉伸的第三个阶段，线圈的转移完成后，这时的变形则主要由纱线的形变引起，由于针织面料的拉伸形变很大，测试中并未将面料拉至断裂，因此曲线只是反映了这个过程的起始阶段。对比经、纬向的拉伸曲线看，在同一负荷下，三种罗纹组织面料纬向的伸长率比经向大得多，说明其纬向要完成一定伸长所需的拉伸力比经向小。平针集圈面料的经向拉伸基本上呈直线，说明其拉伸还处在拉伸的第一阶段。从上述特征看，纬编高弹面料的纬向在同样伸长的情况下会比经向赋予着装人体较小的服装压力。

作为内衣面料的弹性针织物，尤其是贴身穿着的弹性针织物，为使衣服穿着舒适，无压迫感，在人体运动时面料与人体皮肤应具有紧密的跟随性，亦即弹性针织物的弹性伸长度与弹性回复度应以人体运动时皮肤的伸长度与回复度为参数，并成一定的比例关系。人体在运动时，皮肤在垂直方向的最大伸长部位发生在手臂直举时，腋窝的皮肤伸长率为66%~78%，水平方向伸长最大部位在后肘部，曲臂时，皮肤的伸长率为30%~42%。由此可见，人体皮肤的最大伸长度在水平方向约40%，在垂直方向约80%，即应该测定试样伸长40%时的负荷值和试样伸长80%时的负荷值。据此，对四种面料的定伸长负荷测试见表3-2。面料在经向伸长80%时，平针集圈面料所需的负荷最小，而纬向的负荷值又是四块面料中最大的，四块面料的经向负荷越大则纬向负荷就越小，基本呈现出反比的规律，说明面料线圈的转移量是恒定的，当某一方向容易转移时，则另一方向的转移需要更大的负荷。

表3-2 面料的定伸长负荷值

项　　目	试样一	试样二	试样三	试样四
经向伸长80%的负荷值（N）	5.1	136	186	129
纬向伸长40%的负荷值（N）	4.03	3.66	2.70	2.79

人穿着衣服时，服装压的大小直接影响人体运动和生理感觉。不同体型的人、人体的不同部位，以及人在不同的运动状态下对舒适服装压力的要求各不相同。过大或过小的服装压力均不符合人体生理要求：压力过小，不利于人体防护和运动效率的提高，且不符合审美观点；压力过大，则会造成人体疲乏，甚至心肺功能低下，严重损害身体健康。服装压力的舒适范围为1 960～3 920 Pa，与人体毛细血管的血压值接近。根据欧拉公式，当织物紧贴皮肤时，弹性面料对皮肤的压力P等于面料伸长张力F与人体受压部位皮肤表面的曲率半径之比。即：

$$P = F/\rho \tag{3-1}$$

式中：P——弹性面料对皮肤的压力；

F——面料伸长的张力；

ρ——皮肤表面的曲率半径（在此以30 cm周长圆周的半径作为计算依据）。

考虑到纬编面料制成的服装多体现在纬向的伸长，因此这里只给出了面料的纬向伸长所给予的服装压力，结果见表3-3。

表3-3 服装压力的参考值

部位和运动状态		舒适压力的范围（Pa）	最大可承受压力极限（Pa）
一般状态	前臂	1 370	5 600
	小腿	2 650	13 300
	腰部以下	2 350	—
	系腰带时腰部	4 400～5 900	—
剧烈运动状态		各部位有所提高，一般比平时大1 969 Pa左右	最大极限压比一般状态时高出1 969 Pa

从图3-43可以看出，在面料拉伸伸长的初期，服装压力随着拉伸伸长呈线性增加，当拉伸伸长达到一定水平时，服装压力随着拉伸伸长的增加刚呈现一个加速的增加，这说明面料的拉伸中随着弹性纤维弹性的释放及面料中线圈纵行的伸展的完成，拉伸进入

到面料中线圈部段转移阶段。

对于面料的拉伸回弹性及其他特征面料的弹性与服装压力的研究有待进一步开展。

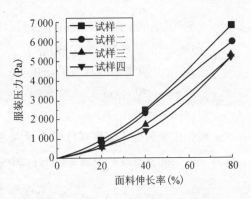

图3-43 面料纬向伸长率与压力的关系

（二）触感舒适性

采用针织材料的内衣触觉舒适性目前研究较少。随着羊毛、亚麻及化纤原料在针织内衣行业中的应用，原料结构、性能、比例等与触觉舒适性的关系也有待于进一步研究。

（三）热湿舒适性

服装的舒适理论认为：最重要的舒适性标准是满意的热平衡。在寒冷环境下，内衣的保暖性能就显得尤为重要。当外界温度较低时，保暖性则成了内衣第一位的要求。而人体、服装和环境三者能量关系式显示，热湿是相互影响的。内衣热湿舒适性的影响因素有很多，除环境条件（风速、温度、湿度）和人体的运动状态外，服装材料尤为重要。

内衣保暖性能采用国际通用的服装热传递性能评价指标——隔热值（clo）进行衡量。隔热值的计算公式为：

$$I_t = A_s(Q_s - Q_a)/0.155P_d \tag{3-2}$$

$$I_{CI} = I_t - I_a \tag{3-3}$$

其中：I_t——服装系统的隔热值（clo）；

I_{CI}——服装净隔热值（clo）；

I_a——边界层空气的隔热值（clo）；

A_s——暖体假人着装部分的皮肤面积（m^2）；

θ_s——暖体假人加权平均皮肤温度（℃）；

θ_a——环境温度（℃）；

P_d——暖体假人系统的输出功率（W）。

内衣透湿性能采用透湿阻力指标进行衡量，用以评价水汽透过针织内衣面料时所受的阻力。按照费克扩散法则，以扩散的水蒸气透过静止空气时受到阻抗为基础，以1cm厚度的理论静止空气的阻抗为单位，在评价服装面料透湿性时，以其相当的空气层厚度来表示。透湿阻力的计算公式为：

$$R = \left(\frac{1}{\delta}\right)D\Delta CAT \tag{3-4}$$

其中：R——透湿阻力（cm）；

δ——时间 t 内水蒸气的透过量（g）；

D——扩散系数（cm^2/s）；

ΔC——织物两面水汽的浓度差（g/cm^3）；

A——面积（cm^2）；

T——时间（s）。

纺织服装研究者采用暖体假人对内衣热湿性能与服装材料的关系进行了研究。选用五套款式相同、面料密度和厚度不同的针织纯棉内衣作为试样。试样内衣的参数见表3-4。

表3-4　试样内衣的参数测定

参　数	测定结果				
	试样 a	试样 b	试样 c	试样 d	试样 e
隔热值 I_{CI}（clo）	0.189	0.216	0.321	0.333	0.468
透湿阻力 R（cm）	2.707	3.117	3.503	3.233	4.640
厚度 d（mm）	0.685	0.737	0.884	1.194	2.247
面密度 ρ（g/m^2）	160.194	178.306	234.806	199.083	330.889

图3-44至图3-47显示，在测试范围内，内衣的隔热值、透湿阻力与面料的面密度、厚度均存在明显的正相关关系，即随着面料的面密度、厚度增加，隔热值与透湿阻力均呈上升趋势。

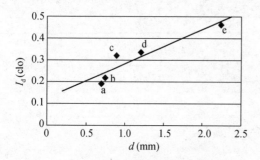

图3-44　内衣隔热值与面料厚度的关系

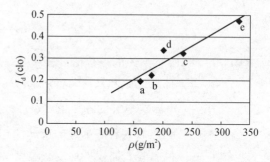

图3-45　内衣隔热值与面料面密度的关系

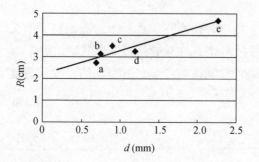

图3-46　内衣透湿阻力与面料厚度的关系

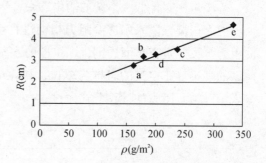

图3-47　内衣透湿阻力与面料面密度的关系

在面料面密度、厚度增加的过程中，内衣的隔热值均呈上升的趋势。其原因为：在一定范围内，随着面料面密度的增加，面料纤维中死腔空气基本保持不变，而静止空气逐渐减少，这就使辐射散热量和对流散热量降低，传导散热量增加。由于在此过程中，最为主要的是对流散热量，因此，总散热量减少，内衣的保暖性增强，隔热值变大。而随着面料厚度的增加，内衣的隔热值也逐渐增大，这一点可由服装内空气的隔热特性加以解释，服装的保暖性能几乎全部取决于面料纤维中的死腔空气和纱线之间的静止空气。面料厚度增加使静止空气与死腔空气的厚度都有相应的增长，在一定范围内，静止空气与死腔空气的隔热值均随着其厚度的增大而增加。因此，内衣隔热值与面料的厚度呈正线性相关。同时，根据热阻公式：

$$R_c = L/K \tag{3-5}$$

其中：R_c——热阻；

L——面料厚度；

K——织物的导热系数。

同种面料在导热系数大致不变的条件下，随着面料厚度增加，其热阻（隔热值）也相应地增加。随着面料面密度、厚度增加，内衣的透湿阻力逐渐增大。面密度增加使面料的致密性增强，纱线之间的空隙变小，水汽透过面料时受到的阻力变大，透湿阻力相应增大；面料厚度增加使水汽穿过织物所经过的途径变长，单位时间内透过织物的水汽量减小，由式（3-4）可知，透湿阻力变大。因此，面料面密度和厚度是影响内衣热湿性能的两个重要因素。

热湿舒适性的研究还采用保温率、透湿率、透气性等指标，其测试均已建立测试方法和标准。我国针织保暖内衣的产品标准也规定了对保温率和透气率的要求。生产企业依据这些标准设计或选用面料，在一定程度上保证了针织保暖内衣的穿着舒适性。但是由于测试的仅是单项指标。简便、有效、明确的测试评价体系仍需研究，用以指导企业生产，以保证产品的热湿舒适性能。

三、耐用性能

内衣在穿着过程中会受到各种破坏。一次性出现破坏的情况（如拉伸、撕裂、顶裂、燃烧和熔孔）和经多次反复作用破坏的情况（如磨损）都将直接影响内衣的耐用性。影响材料耐用性的因素包括：①织物密度，经密大的织物耐用性好；②织物组织，交织次数多的织物耐用性好；③纤维成分，合成纤维织物的耐用性通常大于天然纤维织物；等等。

（一）拉伸性能

反映拉伸性能的指标有拉伸断裂强度和断裂伸长率。断裂强度是指织物在单位面积上所能承受的最大外力。断裂伸长率是指织物在拉伸至断裂时的伸长量与原长之比的百分率。高强高伸纤维织物的耐用性最好。低强高伸纤维织物的耐用性大于高强低伸织物。因此，羊毛的耐用性＞麻，涤纶的耐用性＞维纶，氨纶最耐穿。低强低伸织物的耐用性最低，如黏胶纤维。

（二）撕裂性能

织物在穿着过程中，由于局部受到集中的负荷作用会产生撕裂而形成裂缝。撕裂是纱线逐根依次断裂的过程。纱线强度大则材料耐撕裂。所以合成纤维织物比天然纤维和再生纤维织物耐撕裂。

（三）顶裂性能

将一定面积的织物周围固定，从织物的一面以垂直方向的力慢慢使其破坏称为顶裂，内衣在肘部、膝部等受力方式均属顶裂形式。经纬密度差异大的织物顶裂强度较小；差异相近的织物顶裂强度较大。厚度大的织物顶裂强度较大。经纬纱伸长率较大的织物顶裂强度较大。

（四）耐磨性能

织物与物体摩擦会逐渐损坏，织物抵抗磨损的性能称为耐磨性。织物的磨损方式有：平磨（如内衣的衬部、袜底等摩擦）、曲磨（如内衣肘部和膝部等摩擦）、折边磨（如内衣袖口、领口等摩擦）、动态磨（如人体活动时与内衣的摩擦）和翻动磨（洗涤时，织物之间、织物与水之间的摩擦）。

纤维断裂伸长率大、弹性回复率高的面料耐磨性好。合成纤维织物中，锦纶＞涤纶/氨纶＞丙纶＞维纶＞腈纶；长丝纤维织物的耐磨性好；厚重型织物的耐平磨性好；薄型织物的耐曲磨及折边磨性好；织物表面光滑度高的面料耐磨性差，织物表面有毛羽或毛圈的面料比较耐磨。

（五）阻燃性能和抗熔性能

服装材料阻止燃烧的性能称为阻燃性。纺织纤维中，棉、人造纤维和腈纶属于易燃性纤维，燃烧迅速；羊毛、蚕丝、锦纶、涤纶、维纶属于可燃性纤维，但燃烧速度较慢；氯纶属难燃性纤维，与火接触时燃烧，离开火焰则自行熄灭；石棉、玻璃纤维属不燃烧纤维，与火焰接触时也不燃烧。

织物接触火星时，抵抗破坏的性能称为抗熔性。吸湿性好的纤维抗熔性好，因此天然纤维和人造纤维抗熔性好，涤纶、锦纶等合成纤维抗熔性差。为改善涤纶或锦纶的抗熔性，可采用其与天然纤维或黏胶纤维混纺，也可对涤纶或锦纶的面料进行抗熔、防熔整理。

（六）勾丝性能

在服装使用过程中，一根或几根纤维被钩出或钩断而露出织物表面的现象称为勾丝。

勾丝的评定采用与标准样照对比评级。影响勾丝性的因素有纤维性能、纱线、织物结构及整理加工等。长丝织物、针织物易发生勾丝。

四、生产性能

（一）无缝生产

采用针筒直径为 254～457 mm 的无缝内衣针织机可以生产花式结构丰富的紧身内衣、宽松无缝内衣、睡衣、游泳装等。在带有匹艾州贾卡机构的双针床拉舍尔经编机RDPJ6/2上可直接生产无缝内衣。无缝内衣具有弹性好、成型性佳、穿着舒适、美体塑身、不会因内衣接缝而破坏形体的美感等特点，同时免去了繁杂的裁剪工序，减少了生产成本，产品市场独特。从无缝内衣针织机上直接编织下来的圆筒形产品已经具有许多成品的性质，如尺寸已到位、已装有弹性腰带、已有供裁剪和缝纫的标记线。匹艾州控制的贾卡机构可根据需要进行调整，扩大花型的生产能力。每把贾卡梳栉的导纱针单独控制，不同梳栉上可采用不同的纱线，形成富有表现力的花纹。织物两面还可形成不同的花纹图案。无缝成型内衣是高档女式内衣领域的热点之一。但设备成本较高，产品有一定技术含量，加之整体生产能力有限，所以产品价格中等偏高。

国内内衣原料以棉等天然纤维为主。为了使无缝内衣与人体的曲线贴合程度高，内衣材料常采用氨纶包芯纱和锦纶弹力丝。这些纤维虽然使内衣产品的弹性提高，但产品成本也相应提高。此外，氨纶弹性过大，会给身体造成过高的穿着压力，从而带来生理上的不适。

PTT 等化学纤维的应用为无缝内衣产品提供了新原料。PTT 纤维在一定拉伸范围内具有的优良弹性和回复性，属于舒弹性材料，不仅可保证舒适的服装弹性，其尺寸稳定性更优于传统的无缝产品，抗疲劳性更好。尤其是用于制作贴身内衣，不会像纯棉产品那样容易变形和起皱。此外，PTT 纤维具有优良的染色性和抗污性。可与任意流行材料搭配编织，赋予服装不同的风格和性能。但 PTT 纤维的热湿舒适性相对纯棉产品来说还有一定的差距，所以要在无缝内衣领域进行 PTT 纤维的推广，最可行的途径就是采用差别化的方法对 PTT 纤维进行改进，制造出如超细或异形截面的纤维产品，同时保留它的高弹性。

（二）激光黏合性

一片围文胸是指整件文胸采用一片剪裁、无缝压模罩杯、钢丝内藏，以定时、定温和定压的激光黏合技术直接一次成型。文胸没有接缝和车缝线，表面光滑、流畅。一片围文胸极大地减少了痕迹，提高了合体度。一片围文胸采用特种超细精纱及大豆蛋白纤维作为原料，以实现激光黏合。

第四节　常用纬编针织物品种

一、纬平针织物

纬平针织物又叫汗布，面密度为 $80 \sim 120 \ g/m^2$。纬平针织物质地轻薄，弹性和透气性好，常用于背心、汗衫、短裤、秋冬季衬裤等（图3-48）。

二、罗纹针织物

罗纹针织物的纱线线密度为 $14 \sim 28 \ tex$。罗纹针织物横向的弹性和延伸性大，无卷边，但有逆向脱散，主要用于制作有收身效果的背心、内裤、睡衣等（图3-49）。

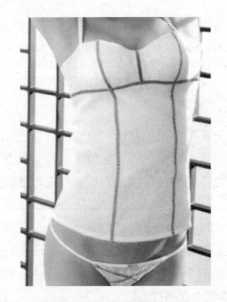

图3-48　纬平针织物的应用　　　　图3-49　罗纹织物的应用

三、双罗纹针织物

双罗纹针织物通常采用线密度为 $14 \sim 28 \ tex$ 的棉纱，纱线捻度较小，在机号为 E16 ~ E22.5 的棉毛机上编织；也有采用棉型腈纶或棉/腈、棉/涤等材料的。双罗纹针织物不卷边、质地厚实、保暖性好，主要用于制作棉毛衫裤、背心等（图3-50）。

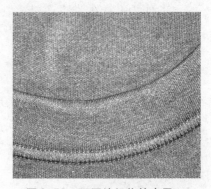

四、纬编提花织物

纬编提花织物多采用针织绒线，或采用不同颜色的

图3-50　双罗纹织物的应用

纱线以形成多种色彩的纹饰，或采用不同种类的纱线以形成富有肌理感的表面，具有多样化的装饰美，主要用于制作文胸、睡衣、家居服等（图3-51）。

五、纱罗针织物

纱罗组织的针织物通过将某些针上的线圈转移到与其相邻纵行的针上，以孔洞形成不同的花纹。纱罗针织物具有纹饰美和半透明的朦胧美，透气、透湿性强。纱罗针织物主要用于制作女式背心、内裤、睡衣、家居服等（图3-52）。

图 3-51　纬编提花织物的应用　　　　图 3-52　纱罗针织物的应用

六、纬编起绒织物

纬编起绒织物由带毛圈的起毛面和底面两层组成。起毛面为纯涤纶纤维，底面由95%棉和5%氨纶的混合纤维构成。因其含有氨纶纤维而富有弹性，俗称不倒绒；又因绒毛感较强，所以又称针织纬编珊瑚绒。保暖内衣面料的面密度为 $280 \sim 800 \ g/m^2$ ，目前市场上的起毛织物的面密度一般为 $400 \ g/m^2$ 左右。保暖内衣面料的起毛浓密度是面料风格中的重要指标，所以采用细特纤维编织，以满足其要求。

保暖内衣面料的底面由氨纶、棉组成的混合纤维构成。氨纶在干态状况下，其断裂伸长率为450%~800%，是普通涤纶纤维的15倍，是棉纤维的64倍。该面料在起毛时，作用在梳针上的起毛力不能全部施加到涤纶的起毛圈上，当梳针钩起纤维时，由于纤维具有弹性，随着起毛辊的旋转，纤维很容易从梳针上滑落，因而不能顺利地切断纤维，形成毛绒面料，所以保暖内衣织物的起毛次数一般在6次以上。其手感柔软，织物厚实，保暖性好（图3-53）。

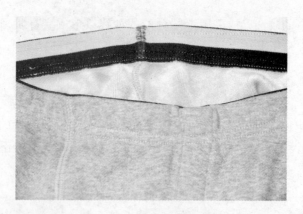

图 3-53　起绒织物的应用

七、纬编毛圈织物

　　毛巾布为单面毛圈织物，由平针线圈和具有拉长沉降弧的毛圈线圈组合而成。地纱用涤纶长丝、涤/棉混纺纱或锦纶丝编织，毛圈纱用棉纱、腈纶纱、涤/棉混纺纱等编织。毛巾布手感柔软，延伸性、抗皱性、保暖性和吸湿性都较好，常用于浴袍、睡衣、沙滩装等（图 3-54）。

八、柔暖棉毛织物

　　柔暖棉毛织物采用 14~20 tex 棉纱，在机号为 E20~E24 的提花棉毛机或多针道棉毛机上编织。它是将两层平针以集圈组织点连接起来的复合组织，连接点为凹凸花纹。织物表面可形成直条纹、小花纹、菱形等花纹。其布面细密，结构中空、饱满，柔软、保暖，常用于制作秋冬季的高档贴身内衣（图 3-55）。

图 3-54　纬编毛圈织物　　　　　　　图 3-55　柔暖棉毛织物的应用

第五节　常用经编针织物品种

一、经平织物

(一) 特里科经平织物

1. 氨锦弹力经平绒织物

氨纶长丝与锦纶长丝交织成的氨锦弹力经平绒织物既具有吸湿透气、手感柔软的特性，又具有高弹性、回复性，使服装贴身、保持外形不变、运动方便自如、无压迫感，常用于游泳衣、紧身衣等（图3-56）。

双向拉伸的经编织物结构如图3-57所示。织造参数如下：

原料——50 den半无光锦纶丝83%，40 den氨纶丝17%。

设备——特里科特经编机，28 G机号，机宽439 mm。

整经根数——600根×8（经轴数）。

织物组织——前梳：1—0/2—3//满穿50 den锦纶丝；后梳：1—2/1—0//满穿40 den氨纶丝。

织物规格——纵密为33.6横列/cm，横密为24纵行/cm。

图3-56　双向弹性织物适用泳衣

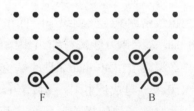

图3-57　双向弹性经平绒织物组织

2. 氨棉弹力经平织物

棉或棉型化纤与氨纶等化纤长丝可在高机号经编机上交织成氨棉弹力经编织物。棉纤维长度短，织造较长丝困难，设计采用精梳高支棉纱、烧毛丝光棉纱、各种包缠棉纱等高品质棉纱，捻度适当。纱支越高，织成的织物越轻薄，越适合制作内衣面料。氨棉经编交织物具有质地柔软、滑爽、有弹性、保湿、透气、除臭等特点，既满足内衣紧贴肌肤，以调整人体体型的需要，又对皮肤无刺激性，保证着装的舒适健康。在织物上做一些绣花和烂花等加工，织物不会脱散，可装饰和美化内衣。氨棉经编交织物多在紧身内裤、调整型内衣中采用。实例如下：

设备——机型K4，机号28针/25.4 mm，门幅330.2 cm。

原料——GB1采用9.5 tex棉（80%），GB2采用7.8 tex（70 den）氨纶（20%）。

织物组织——GB1：1—0/2—3/1—0/1—2//；GB2：1—2/1—0/1—2/1—0//。

穿纱方式——GB1：600根纱×6个盘头，满穿；GB2：597根纱×6个盘头，满穿。

送纱量——GB1：1 630 mm/480横列。

织物规格——机上织物：纵密55.7横列/cm，横密28纵行/cm，幅宽330.2 cm。

成品织物——纵密76横列/cm，横密48纵行/cm，幅宽198.1 cm。

该织物的外观与纬编氨棉罗纹织物相似，用于弹力内裤面料。

3. 弹力拉架布

弹力拉架布是在机号E28~E32的高速特里科经编机上编织的成圈型双向弹力经编面料，主要是双梳栉的锦纶与氨纶交织的细薄织物，最常用的底布组织是经绒平。44 dtex左右的氨纶裸丝穿在后梳编织经平组织，44 dtex左右的锦纶复丝穿在前梳编织经平绒组织。弹力拉架布的面密度为200 g/m² 左右，手感柔软，表面呈纬平针的外观，纵横向都有弹性，坯布经染色或印花后，广泛用于妇女紧身内衣。

（二）拉舍尔经平织物

弹力色丁布有绸缎般的光泽，弹性很高，有修整形体的作用，穿着非常舒适，在女内衣领域应用广泛。这种织物一般在弹性拉舍尔经编机（RSE4-1）或特里科经编机上生产，采用三梳组织，前两梳采用锦纶长丝做经绒平组织，后梳则用氨纶丝做衬纬，氨纶用量一般为6%~10%。在拉舍尔经编机上并非不能编织经绒平结构，而是为了使织物具有更大的弹力，需用粗线密度氨纶丝编织来降低织物成本。用140 den氨纶弹力纱按衬纬组织编织，取代特里科经编机上用40 den细旦的氨纶丝按经绒平组织编织。与成圈相比，衬纬组织使织物更轻，并改善了编织操作，减少了机器的磨损，又可生产出不卷边、轻薄且不太蓬松的织物（图3-58）。

图3-58 色丁布在文胸上的应用

与经绒平组织特里科经编氨纶弹力织物相比，在拉舍尔机上按Gentlissimo结构编织的织物具有如下优点：①经编采用三把梳栉，采用140 den氨纶弹力纱，按衬纬组织编织，但织成的织物比用两把梳栉、40 den氨纶弹力纱织成的织物轻薄，不太蓬松；②拉舍尔经编仅使用13%的氨纶弹力纱，比使用20%氨纶弹力纱的特里科经编节省成本25%~30%；③与特里科经编不同，拉舍尔经编织成的织物不卷边；④拉舍尔经编机织成的织物的回复性能优于特里科经编织物；⑤拉舍尔经编机织成的织物的耐氯牢度优于特里科经编机织成的织物；⑥拉舍尔氨纶经编织物的一个重要特点是其弹性比特里科氨纶经编织物高得多。

拉舍尔经编氨纶织物与特里科经编弹力织物相比也有不足：①在视觉美和触觉美方

面不如特里科经编氨纶弹力织物；②横向伸长率仅为45%，而特里科经编氨纶弹力织物则高达130%；③其氨纶弹力纱接缝会意外拉脱。

RSE4-1上生产的弹力织物用于柔软、细致的薄纱网眼内衣，能将肤色衬托得更美，并且能在掩蔽身体的同时尽显女性的曲线美。这类网眼织物采用高密度、细纱支工艺，因而穿着柔软舒适，其面密度约为 50 g/m²。生产这类网眼织物的关键是弹力丝线密度 2 244 dtex。卡尔·迈耶生产的 RSE4-1 系列弹性拉舍尔经编机，机号从 E32 到 E40 均可用于生产该类产品。

二、经编起绒织物

经编针织物进行起绒整理成为有毛绒效应的针织物，就是经编起绒织物。它除了保持经编织物结构稳定、脱散性小，以及有一定的弹性、悬垂性、贴身性的优点外，还具有良好的保温性、防风性和丰润舒适的外观。使用化纤长丝编织的经编起绒织物，不仅具有化纤针织物色泽鲜艳、耐磨经穿、洗涤方便的优点，并具有短纤维织物的表面特性；既克服了一般化纤经编织物表面光亮、滑溜、透明的缺点，又在抗起毛起球、勾丝、折皱等性能上有所改善。以织物表面来分，有表面完全起绒的平绒织物和表面不完全起绒的花式绒织物。按织物组织结构来分，有分段衬纬、变化经平，缺垫和各种毛圈绒织物。起毛工艺又可采用拉绒、剪绒、磨绒和抓绒等不同的方式。现在经编起绒织物已经可以编织成各种天鹅绒、丝绒、毛圈绒、灯芯绒、麂皮绒、驼绒和呢绒等，广泛应用于保暖内衣、家居服等（图 3-59）。

图 3-59 绒类织物的应用

（一）平绒织物

变化经平组织的起绒织物是目前使用最多的一种经编起绒织物。它是利用前梳做较大移距的针背垫纱，在织物工艺反面形成较长的、几乎平直的，并且极其紧密地排列在一起的延展线。在起绒时，由于延展线较长并且平直地分布于织物表面，故可以方便地被起毛机起绒罗拉上的针刺扎到，而这些延展线极其紧密地排列在一起，又可使织物绒面厚实丰满。织物种类有素呢绒、天鹅绒等。

素呢绒织物采用后梳编织底组织，前梳穿绒纱编织绒面。在起绒过程中 100 den 涤纶加工丝一般均未拉断，仅将表面拉糊。起绒后织物平整，绒层能很好地覆盖织物表面（图3-60）。其织造参数如下：

机型——Z303 型经编机。

机号——32 针/30 mm。

原料和送经量——后梳 45 den 涤纶长丝，满穿 2.6 mm/圈；前梳 100 den 涤纶加工丝，满穿 5.3 mm/圈。

花链排列——后梳 1—0—0/1—2—1//，前梳 1—0—3/4—5—3//。

机上密度——22 横列/cm。

起绒情况——在 Z851 拉毛机上拉毛 6 次。

幅宽对比系数——0.74。

成品面密度——218 g/m²。

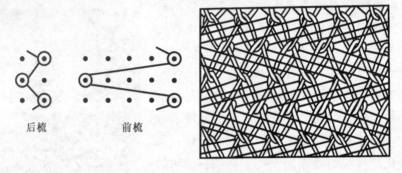

后梳　　　　前梳

图 3-60　素呢绒组织图和结构图

天鹅绒织物采用后梳和中梳编织地组织，前梳穿绒面纱，在起绒过程中 75 den 铜铵人造丝全部被拉断，故有较长的绒毛覆盖织物表面。天鹅绒的组织图如图 3-61 所示。其织造参数如下：

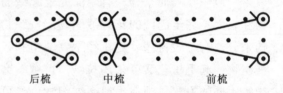

后梳　　　中梳　　　前梳

图 3-61　天鹅绒组织图

机型——Kokett U4 型经编机。

机号——28 针/25.4 mm。

原料和送经量——后梳 45 den 涤纶长丝，满穿 4.26 mm/圈；中梳 45 den 涤纶长丝，满穿 2.38 mm/圈；前梳 75 den 铜氨人造丝，满穿 7.10 mm/圈。

花链排列——后梳 1—0—2/3—4—3//；中梳 1—2—2/2—0—1//；前梳 1—0—5/6—7—6//。

（二）花式绒织物

变化经平组织的起绒织物种类有灯芯绒、方格绒、斜格绒等。编织花式绒的方法有两种：①编织起绒织物时，起绒梳一般做较大移距的针背垫纱，如果突然减小针背垫纱的移针距离，则经过拉毛机起绒后，有较大针背垫纱的地方会有长的延展线，从而能形成绒面；而进行较小针背垫纱的地方，由于延展线比较短，就不能被拉出绒面；②在编结平绒织物的梳栉之前加上一把或几把梳栉，空穿进行小移距针背垫纱的编结。由于前面梳栉的纱线能够包围后面梳栉的纱线，因而在前面梳栉有纱线的编结处，前面梳栉的纱线束缚了绒纱的延展线，在簇井千机上起绒时不能起绒；而在空穿处，绒纱延展线没有被束缚住，拉毛机上起绒时就可以形成绒面。图3-62所示为灯芯绒的组织图。织造参数如下：

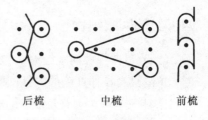

图3-62　灯芯绒组织图

后梳　　　　中梳　　　　前梳

机型——Z303-3型经编机。

机号——32针/30 mm。

原料和送经量——后梳45 den涤纶长丝，满穿2.8 mm/圈，中梳75 den涤纶低弹丝，满穿5.37 mm/圈，前梳45 den涤纶长丝，3空1穿，2.65 mm/圈。

花链排列——后梳为1—0—0/1—2—2//；中梳为1—0—2/4—5—3//；前梳为2—0—0/0—1—1//。

机上密度——20横列/cm。

起绒情况——在Z851型拉毛机上拉毛3次。

幅宽对比系数——0.71。

成品面密度——195 g/m²。

在起绒过程中，前梳在四个线圈纵行中只有一个纵行进行编链编结，束缚了中梳的绒纱，使织物相间地在三个纵行内起绒，而在一个纵行中不起绒，表面酷似灯芯绒。

三、经编毛圈织物

经编毛圈织物手感丰满厚实、布身坚牢，毛圈结构稳定，弹性、吸湿性、保暖性良好，主要做家居服、童装内衣等面料。单针床氨纶弹力经编毛圈织物的编织，至少使用三把梳栉。机后两把梳栉为地梳栉，机前一把梳栉为毛圈梳栉，并且氨纶弹性纱线应穿在后梳栉上。地组织必须采用针后移针与毛圈沉降片横移同向的经平组织，毛圈组织应采用编链组织。编链组织氨纶弹力经编毛圈织物不仅具有一般氨纶弹力针织面料的伸缩性好、泄水性强的特点，还具有结构厚实、不易脱散的优点，适合于制作泳衣、胸衣、海滨服等。用其缝制的服装挺括，保暖性好，穿着时不仅能充分显示形体美，还具有运动舒展、轻巧的特点。毛圈织物的特点是要求毛圈紧密，编织花色毛圈织物不能像编织普通织物那样采用空穿与组织配合构成花色，只能采用色纱配以变化的组织来构成花色。毛圈的形成又受织物组织的限制，只能采用移一个针距的编链组织。为了尽量减少延展线的显示，可以采用变化的编链组织，以经平或绒针移针，以编链形成毛圈。其组织如图3-63所示。

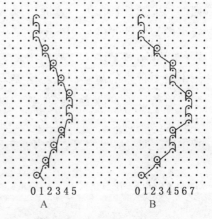

0 1 2 3 4 5　　　　　0 1 2 3 4 5 6 7
　　A　　　　　　　　　　B

图3-63　毛圈变化组织

四、经编网眼织物

(一) 单向弹性网眼经编织物

单向具有拉伸性能的弹性网眼经编织物的工艺和织物特征如图 3-64 所示。

原料——50 den 半无光锦纶丝占 78%，280 den 氨纶丝占 22%。

设备——拉舍尔经编机，机号 56 针/50.8 mm，机宽 317 cm。

整经根数——584 根 ×6 （经轴数）。

织物组织——L1：2—4/2—0/2—4/4—2/4—6/4—2//，1 穿 1 空，50 den 锦纶丝；L2：4—2/4—6/4—2/2—4/2—0/2—4//，1 穿 1 空，50 den 锦纶丝；L3：（0—0/2—2）×3，1 空 1 穿，280 den 氨纶丝；L4：（2—2/0—0）×3，1 空 1 穿，280 den 氨纶丝。

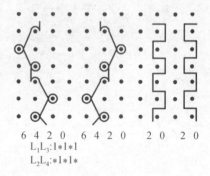

6 4 2 0 6 4 2 0   2 0 2 0
L_1L_3:1*1*1
L_2L_4:1*1*1*

图 3-64 单向弹性网眼的针织构造

(二) 拉舍尔氨纶经编网眼织物

大网眼织物正越来越多地用于制作优雅别致的高档女内衣。六角或正方形大网眼织物空间稳定性很好，可单独用作文胸侧边，或者作为罩杯的装饰织物。在 RSE4-1 型经编机上采用 156 dtex 的弹力丝可生产六角或正方形的大网眼织物。此外，在机号为 E32 的 HKS2-3 型经编机上能够生产透明的六角网眼织物。该类织物也可在新型的 RSE5EL 机器上生产，带有电子横移机构的新型高速 RSE5EL 型拉舍尔经编机使用 5 把梳栉中的 2 把形成花型，能在地组织上形成波浪线、点、短直线或格子图案；另外 3 把梳栉形成基本结构，其中 2 梳栉进行弹力纱编织。一方面，保证了纵向和横向的优异延伸性；另一方面可以起到束缚组织中其他纱线的作用，确保了内衣面料中纱线的结合紧密，可从根本上避免因缝制不当而带来的滑移问题。这类织物在紧密的地布上闪着微光，好似独立的网，令人联想到织物湿润时的反光。这种织物手感丰满，通过适当的服装结构能突显身体曲线，且具有奢华效果（图 3-65）。

图 3-65 网眼织物在文胸和内裤上的应用

五、经编提花织物

(一) 贾卡提花弹性织物

贾卡高机号 E32 的 RSJ4/1 型经编机可生产装饰性提花内衣织物。这种织物的手感、透气性、弹性、贴身性和耐穿性都很好。另外，可以在 RJWBS6/2F 和 RJWBS5/1F 型经编机上生产用于高档女内衣的弹性提花成型衣片。这种织物最大的特点是缩短了生产工序，还保证了织物花型完整。采用 RJWB8/2 型 Cliptextronic 贾卡经编机可以生产弹性、带花环或不带花环的花边。花边底布结构清晰，花纹精致，有立体效应，质轻，成本低。这类产品在高档女内衣中应用广泛。

（二）多梳提花弹性织物

多梳提花弹性面料采用变化地组织或网眼地组织，在起花能力最强的多梳经编机上织成。通过合理分配梳栉和多种原料，形成立体连续花纹或者独立浮纹效应，优雅生动。这类织物具有良好的弹性和透气性，是一种高档的装饰性女内衣面料。国外一般采用 MRES33SU 型、MRES43SU 型、MRE32/24SU 型和 MRGSF31/16SU 型等 SU 型电子式经编机生产高档女内衣面料。现代高档花边织物一般采用集电子梳栉横移机构、电子贾卡和压纱板于一体的多梳经编机来生产，如 Textronic 多梳经编机，主要新机型有 MRPJF59/1/24 型和其变化机型 MRPJF54/1/24 型。Textronic 花边具有典型的列韦斯花边外观效果，图案极其精美。在 MRPJF54/1/24 型经编机上可生产花边带和满地花纹花边，一把地梳穿入弹力纱，另一把地梳穿入非常柔软的纱线，织成的花边反面特别柔软舒适，适合用作高档女内衣及其装饰物（图 3-66，图 3-67）。

图 3-66　提花织物在文胸上的应用

图 3-67　提花织物在睡衣上的应用

六、辛普勒克斯织物

辛普勒克斯（Simplex）织物属于双针床经编产品，可采用卡尔·迈耶公司的 RD2N 型和利巴公司的 Racop D2 Simplex 型拉舍尔双针床经编机编织。使用两把梳栉形成底布，两把花梳形成花纹。若在第三把梳栉上使用氨纶，可生产高弹辛普勒克斯织物。该类织物通常使用锦纶长丝作为原料，也常采用棉、真丝和黏胶纤维。普通的辛普勒克斯经编织物富有弹性，常称为辛普勒克斯乔赛织物或隔针垫纱经缎组织（图3-68）。在织物两面使用不同的纱线以赋予织物所需要的性能和外观。也可织制带网眼辛普勒克斯经编织物。

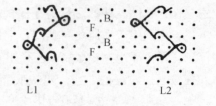

图3-68　辛普勒克斯乔赛织物组织图

辛普勒克斯经编织物与纬编双面织物类似，正反面外观无差别。织物紧密，具有纵向延伸性小的特点。风格滑爽，有很好的悬垂性。与人体的贴附性非常好，不会在外衣上留下痕迹。大多数辛普勒克斯织物在外表面形成许多鱼鳞状、树叶状等花纹效应，内表面则非常细致光滑，接触皮肤时有一种天鹅绒般柔软和凉爽的感觉。织物外观雅致，具有丰满奢华的感觉和柔和光泽。由于线圈特有的微结构里储留了大量空气，在天气寒冷时起到保暖作用，而在气候温暖时又起到吸汗、导湿作用。辛普勒克斯织物的快干性、尺寸稳定性、高强性和易照料性等可保证内衣有多年的穿着愉快感。此外，这种织物尽管有弹性但不会卷边，因此，十分有利于服装缝纫，广泛用于内裤、泳衣、文胸等。

七、经编花边织物

经编花边织物是采用经编方式织成的条形花边和花边织物。通常花边边缘清晰，柔软性好，平整服帖。常采用锦纶丝、涤纶丝、黏胶等材料。

拉舍尔花边是典型的经编花边织物，作为一种装饰性面料，大量应用于女式内衣。拉舍尔花边具有强烈的空间层次感。不同的原料和工艺组织形成光亮与暗哑、细柔与粗糙、轻盈与厚重、质朴与华丽等多样搭配，在外观和触觉上具有不同效应，决定了花边丰富的外观特色和个性精神，使花边成为一种编与织、绣与塑的软雕塑。在颜色方面，锦纶等染色性能较好，在视觉上给人色彩饱满、鲜明的感受，染色性能差一点的纤维具有清新、淡雅的外观。原料染色性能的差异使得染后的花边呈现出不同的色彩层次，过渡自然，浑然天成。在光泽方面，有光泽的纤维给人鲜明、华丽的感觉，半消光的纤维使人感到清爽明快，无光泽的纤维体现了自然雅致的个性。在纱线粗细方面，粗线形成的组织有着浮雕一样的立体感，使得花边层次分明，细线形成的组织有着薄雾一样的朦胧效果，浪漫迷人。在触觉方面，原料的软、硬、厚、薄、挺、重决定着花边的触觉效果。棉纱细软而富有韧性，富有自然气息。氨纶纤维材质细柔，质地轻薄，手感滑糯。锦纶长丝质地细密，坚韧耐磨，手感柔软，触觉上凹凸有致。Tactel 纤维在光学效应上可产生消光和半消光的效果，触觉上光滑丰满，柔软轻盈，给人华美绝卓、浪漫迷人的感受。

八、经编复合织物

滑面拉架布布面呈半网眼状，透气性和排湿导汗性能好，具有高弹和高回复性。能使服饰持久不变形，合身而舒适，用于高档塑性内衣服饰，也适合做胸围等内衣部件（图3-69）。实例如下：

设备——RSE4-1，机号 E28，工作幅宽 330 cm，梳栉数4（2），花盘数2。

原料——A 为锦纶半光，78 dtex，88%；B 为氨纶长丝，235 dtex，12%。

组织——经平与编链相结合的一种复合组织，GB1 为 0—1/1—0/2—1/1—2//，满穿；衬纬组织的 GB2 为 0—0/1—1/0—0/2—2//，满穿。

工艺参数——面密度为 210 g/m²，幅宽 145 cm。

图3-69　滑面拉架的应用

九、经编间隔织物

经编间隔织物是在双针床编机上生产的带有立体结构的双面织物，该织物的两个表面分别在两个针床上编织，可根据设备、穿经和工艺的不同编织平纹、提花、网眼等组织。两表面间的距离可以在 2~60 mm 之间变化，其间的间隔纱线起连接作用。如要使织物两个表面间的间隔纱线在织物的厚度方一向上起到很好的支撑作用，可以采用单丝作为间隔纱。这类间隔织物在卡尔·迈耶公司生产的 RD 系列双针床设备以及利巴公司生产的 Racop 系列双针床设备上均可生产。

间隔织物具有卓越性能。如具有一定厚度的经编间隔织物在抗压缩、透气、透湿、隔音、减震、热传导等方面都有独特的优势。根据这些优点可开发出许多新产品，如新型服用材料、褥垫类产品、保温材料等。在服装领域内，间隔织物可以作为服装面料和辅料使用。作为面料，它本身透气、透湿性好，能形成一定的网眼或花型；同时，通过巧妙地选用不同原料做内衣的内外表面和间隔纱线，可显著提高其服用舒适性能。其手感细腻，有弹性。例如，用疏水性纤维做内表面和间隔纱可起导湿的作用，亲水性纤维棉做外表面可起吸湿、放湿作用，这将是十分理想的运动休闲服面料。作为服装辅料，间隔织物可用于垫肩或文胸的罩杯材料，可直接接触皮肤，减少缝制工艺，经过模压后不易变形，易洗快干，缝制牢度高，柔软舒适、透气（图3-70）。

图3-70　经编间隔织物在文胸模杯上的应用

思考与练习

1. 解释下列名词，并说明其与内衣的关系：
   ①针织物厚度；②针织物密度；③未充满系数；④针织物组织。

2. 针织物根据生产方式可分为哪些类别？结构特征是什么？

3. 简述纬编针织物的分类、特性及其适用服装。

4. 简述经编针织物的分类、特性及其适用服装。

5. 内衣针织物所需性能包括哪些？

6. 收集市场上 10 种针织内衣，分析针织面料的原料、纱线、组织等特性，说明材料对内衣类别、性能和外观的影响。

第四章

女内衣用机织物和
非织造织物

教学题目：女内衣用机织物和非织造织物

教学课时：10 学时

教学目的：

认识内衣用机织物和非织造织物的分类、结构特征、织物种类和性能，学习相关织物的选择。

教学内容：

1. 机织物的结构特征、织物种类和性能
2. 非织造织物的结构特征、织物种类和性能
3. 内衣用机织物和非织造织物的选择

教学方式：

辅以教学课件的课堂讲授；课堂讨论；认识试验和分析试验；市场调查；文献检索。

第一节　机织物概述

一、机织物的概念和分类

（一）机织物的概念

机织物是指以经纬两系统纱线在梭织机上按一定的规律相互交织而成的织物（图4-1）。机织物的主要特点包括：布面有明显的经向和纬向区别；当织物的经纬向原料、纱线粗细和排列密度不同时，织物经纬向的特性不同；不同的交织规律及后整理可形成不同的外观风格；种类花色繁多，印花和提花效果最为精细；结构稳定，布面平整，悬垂时无松弛现象，适合各种裁剪方法；弹性不如针织物；整理不当时经纬纱线的夹角不为90°，呈现歪斜现象等。

图 4-1　梭织机

（二）机织物的分类

1. 按织物的原料分类

（1）纯纺织物

由单一的纤维材料构成的织物。所使用的纤维材料性能在此织物中有充分体现。在纺织服装行业中，纯纺织物常以其使用的纤维材料来称呼，如棉织物、丝织物、黏胶织物、涤纶织物等。

（2）混纺织物

由两种或两种以上纤维混纺成纱而制成的织物。混纺织物的不同纤维材料的配置可使各种纤维材料的性能优势互补，如棉/毛混纺织物、棉/涤混纺织物和涤/锦混纺织物等。

（3）交织物

指织物的经纱和纬纱的原料不同，或经纬纱中一组为长丝纱、一组为短纤维纱，交织而成的织物。交织物具有明显的经纬各向异性，如丝毛交织物、棉麻交织物等。

2. 按染整加工工艺分

（1）原色织物

指未经过任何染整加工的，呈现纤维原色的织物。

（2）漂白织物

以原色布进行炼漂加工而得的织物。

（3）染色织物

指以匹染加工而得的有色织物，主要以单色为主。

（4）色织物

指先进行纱线染色，然后交织制成的织物。

（5）印花织物

指在色织物或漂白布上进行印花加工的织物。

（6）其他

通过轧花、发泡起花等印染方法，以及树脂整理等功能性整理的织物。

二、机织物的量度

（一）匹长

即织物长度，一般用米（m）表示。织物的实际匹长通常由织物的种类和用途而定。对于机织物而言，通常情况下，棉织物匹长为 30～60 m，精纺毛织物匹长为 50～70 m，粗纺毛织物匹长为 30～40 m，丝织物匹长为 20～50 m，手工夏布匹长为 16～35 m 等。

（二）宽度

机织物的宽度指织物的门幅，一般用厘米（cm）表示。幅宽根据生产设备参数、织物用途和产量提高等因素而定。一般来说，棉织物幅宽为 80～120 cm 和 127～168 cm，精纺毛织物为 143 cm、145 cm 和 150 cm，丝织物为 70～140 cm，夏布为 40～75 cm。

（三）经纬密度

当纱线细度一定时，机织物的稀密程度可由密度来表示。机织物的经向密度（或纬向密度）是指沿织物纬向（或经向）单位长度中纱线排列的根数（图4-2）。密度单位为"根/10 cm"，丝织物也可用"根/1 cm"表示。密度不仅对织物的外观、手感、厚度、强力、折皱性、透气性、耐磨性等性能有很大影响，也关系到织物的成本和生产效率。

（四）紧度

当织物中的纱线粗细不同时，单纯的密度不能完全反映织物中纱线的紧密程度，必须同时考虑经纬纱线的细度和密度，可采用织物的相对密度，即紧度来表示（图4-3）。织物的总紧度是指织物中纱线的投影面积与织物的全部面积之比。

经向紧度：$E_j = \dfrac{d_j}{a} \times 100\%$ (4-1)

纬向紧度：$E_w = \dfrac{dw}{b} \times 100\%$ (4-2)

总紧度：$E_Z = \dfrac{d_j \times b + d_w(a - d_j)}{ab} \times 100\% = E_j + E_w - \dfrac{E_j \times E_w}{100}$ (4-3)

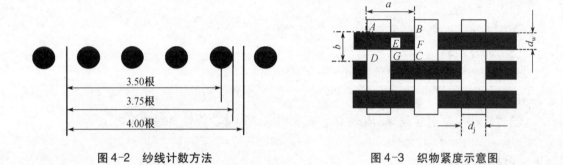

图4-2　纱线计数方法　　　　　图4-3　织物紧度示意图

第二节　机织物组织结构和特性

机织物组织结构是影响织物外观性能、耐用性能、舒适性能和保养性能的重要参数。

一、机织物组织的基本概念

（一）机织物组织及其表示方法

机织物经纬纱线相互上下沉浮的规律称为织物组织。在经纬纱相交处，凡经纱浮于纬纱之上称为经组织点（或经浮点），凡纬纱浮于经纱之上称为纬组织点（或纬浮点）。

机织物的组织结构通常用实线图和组织图（又称意匠图）来表示（图4-4）。实线图是用图形描绘出经纱和纬纱在织物中的实际交织状况。其优点是形象直观，方便对机织物结构的理解和研究；但仅适用于较为简单的组织，较复杂和大型花纹绘制较难。组织图是把机织物结构单元的组合规律用指定的符号在小方格上表示的一种方法。组织图具有概括和绘制简便的优点，利于织物组织规律的表达，方便组织的绘制及新组织的设计。通常情况下，组织图由若干纵行和横列交叠形成的方格集合构成。纵行代表经纱系统而横列代表纬纱系统，各纵行和横列交叠形成的每个方格代表一根经纱和一根纬纱的交织状况。一般而言，经组织点由⊠、◪、■、◿等图形表示，纬组织点由图形□表示。绘制意匠图时，以最下角第一根经纱和第一根纬纱相交的方格为起始点，经纱的排列顺序一般为从下至上，纬纱的排列顺序一般为从左至右。

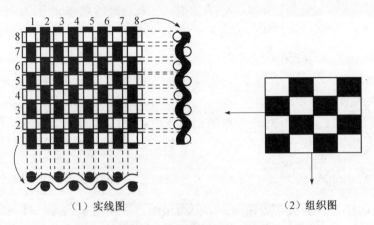

（1）实线图　　　　　　　　　　　（2）组织图

图4-4　织物结构表示方法

（二）组织循环

当经组织点和纬组织点的排列规律在织物中重复出现为一个组成单元时，该组成单元称为一个组织循环或一个完全组织。以一个组织循环为单位，进行上下和左右延展，可形成整匹织物。

构成一个组织循环的经纱数称为完全经纱数，用 R_j 表示。构成一个组织循环的纬纱数称为完全纬纱数，用 R_w 表示。一个组织循环的大小由组成该组织的完全经纱数和完全纬纱数决定。

（三）经面组织、纬面组织和同面组织

一个组织循环中经组织点多于纬组织点时为经面组织；纬组织点多于经组织点时为纬面组织；当经组织点和纬组织点数相等时为同面组织。

（四）浮长

凡连续浮在另一系统纱线上的纱线长度称为浮长。浮长又分为经浮长和纬浮长。

（五）飞数

在组织循环中，同一系统纱线（经纱或纬纱）中相邻两根纱线上相应的经（纬）组织点在纵向（或横向）所相差的纬（经）纱根数称为飞数。S_j 表示经向飞数，S_w 表示纬向飞数。如图4-5所示，经向的飞数 $S_j = 3$，纬向的飞数 $S_w = 2$。在组织循环中，飞数为常数的织物组织称为规则组织，飞数为变数的织物组织称为变则组织。

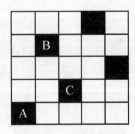

图4-5　飞数示意图

二、基本组织

在组织循环中，满足下列条件的组织为基本组织：①完全经纱数与完全纬纱数相等，即 $R_j = R_w$；②其飞数为常数，即 S_j、S_w 为常数；③每根经纱或纬纱上，只有一个经（纬）组织点，其他为纬（经）组织点。基本组织又常称为三原组织，包括平纹组织、斜纹组织和缎纹组织，它们是各种组织的基础。

（一）平纹组织

平纹组织是所有织物组织中最简单的一种（图4-5）。其组织参数为：① $R_j = R_w = 2$；② $S_j = S_w = 1$。

平纹组织常用分式 $\frac{1}{1}$ 表示，分子表示经组织点，分母表示纬组织点，称为一上一下。平纹组织的经、纬组织点数相同，为同面组织。平纹组织的经纬纱每间隔一根经纱就交织一次，故纱线上下屈曲的次数最多，任何两根相邻的经（纬）纱由于交错的纬（经）纱存在都不能靠近。平纹组织织物具有挺括、坚牢、布面平整和结构稳定的特点，平纹组织通过纱线的粗细、捻度、结构和色彩等和经纬密度的变化配置，来体现织物的不同外观效应。平纹组织在服用织物中应用极其广泛，其典型品种包括平布、府绸、帆布、派力司、凡立丁、法兰绒、纺、绉、纱、绢、薄花呢、夏布等。

（二）斜纹组织

斜纹组织的特点是由经（或纬）浮长线在布面构成斜向织纹。其组织参数为：① $R_j = R_w \geq 3$；② $S_j = S_w = \pm 1$。

当 $S_j = S_w = 1$ 时，斜纹为右斜纹；当 $S_j = S_w = -1$ 时，斜纹为左斜纹。斜纹倾斜 α 定义为斜纹线与纬纱的夹角。调整经纬纱线的密度或粗细，可控 α 的大小。当 $\alpha > 45°$ 时称为急斜纹；当 $\alpha < 45°$ 时称为缓斜纹。斜纹组织常用分式 $\frac{a}{b}$ 表示，称为 a 上 b 下。其中 a 为经组织点数，b 为纬组织点数，$a + b$ 为组织循环数 R。如图4-6所示，左图为 $\frac{2}{1}$ 右斜纹，右图为 $\frac{1}{2}$ 左斜纹。

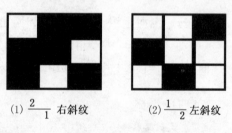

(1) $\frac{2}{1}$ 右斜纹   (2) $\frac{1}{2}$ 左斜纹

图4-6　斜纹组织

长于平纹组织的浮线使得不交错的经（纬）纱较容易靠拢，所以斜纹织物较为柔软，光泽度较好。但在纱线细度和密度相同的情况下，斜纹织物的强力和身骨比平纹差。为弥补强力的降低，可采用增加织物密度的方法。斜纹组织在服用织物中的应用也非常广泛，如牛仔布、卡其、华达呢、哗叽、绫、羽纱等。

（三）缎纹组织

缎纹组织是使经（纬）纱在一个组织循环中尽量长而用单独的组织点将长浮线固定在织物中。各根经（纬）纱的单独组织点分布均匀，并为其两边的长浮线所"遮盖"。缎纹组织的组织参数为：①$R_j = R_w \geqslant 5$（但不能为6）；②$1 < S < R-1$，飞数S为常数；③R与S互为质数。

缎纹组织常称为a枚b飞经（纬）面缎纹。有时也用分式$\dfrac{a}{b}$表示，其中a为完全循环数，b为飞数。经面缎纹是指织物正面呈现的经浮长多，而纬面缎纹是指织物正面呈现的纬浮长多。在意匠图的绘制上，经面缎纹采用经向飞数（沿经向从下往上计数），而纬面缎纹采用纬向飞数（沿纬向从左往右计数）。图4-7为五枚二飞经面缎纹的组织图。

图4-7　缎纹组织

在其他条件不变的情况下，缎纹组织循环越大，浮线越长，织物越柔软，缎纹织物平滑、光亮，但坚牢度降低。由于棉织物和毛织物的纱线较粗，常采用五枚缎纹，如棉缎、直贡呢、横贡呢、驼丝锦等。缎纹组织在丝织物中采用最多，如素缎、花缎和织锦缎等。由于丝织物的纱线较细，采用八枚缎纹能使织物更富有光泽、更加柔软，可强化丝织物的特质。

三、变化组织

变化组织是在基本组织的基础上加以变化（如改变组织点的浮长、飞数、斜纹线的方向等）而派生的各种组织。常见的变化组织有平纹变化组织、斜纹变化组织和缎纹变化组织。

（一）平纹变化组织

平纹变化组织包括经重平组织、纬重平组织、方平组织、变化经重平组织、变化纬重平组织和变化方平组织等（图4-8～图4-10）。

（1）经重平组织　　（2）纬重平组织　　（3）变化经重平组织　　（4）变化经重平组

图4-8　重平组织

图 4-9 $\frac{3}{3}$方平组织

图 4-10 $\frac{2\ 2}{1\ 1}$变化方平组织

（二）斜纹变化组织

斜纹变化组织在斜纹组织的基础上，采用延长组织点浮长，改变组织点飞数的值或方向，或兼用几种变化方法得到斜纹变化组织。斜纹变化组织包括加强斜纹、复合斜纹、角度斜纹、山形斜纹、曲线斜纹、菱形斜纹、破斜纹、锯齿斜纹、芦席斜纹等（图4-11～图4-14）。

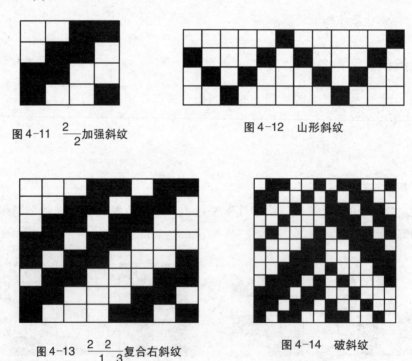

图 4-11 $\frac{2}{2}$加强斜纹

图 4-12 山形斜纹

图 4-13 $\frac{2\ 2}{1\ 3}$复合右斜纹

图 4-14 破斜纹

（三）缎纹变化组织

缎纹变化组织多采用增加经（或纬）组合点、变化组织点飞数或延长组织点的方法而形成。缎纹变化组织包括加强缎纹、变则缎纹、重缎纹等（图4-15，图4-16）。

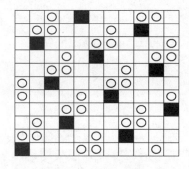

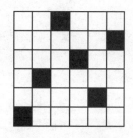

图4-15 加强缎纹   图4-16 变则缎纹

四、其他组织

除上述组织外，机织物还有联合组织、复杂组织等。联合组织是将两种或两种以上的组织（原组织或变化组织）按各种不同的方法联合而成的新组织。按照不同的联合方式可获得多种联合组织，其中有特定外观、应用较广泛的组织有条格组织、绉组织、透孔组织、蜂巢组织、凸条组织、网目组织和平纹地小提花组织等。

复杂组织由一组经纱与两组纬纱，或两组经纱和一组纬纱构成，或由两组及两组以上经纱与两组及两组以上纬纱构成。这种组织结构能增加织物的厚度且表面细密，或改善织物的透气性而结构稳定，或提高织物的耐磨性而质地柔软，或能得到一些简单织物无法得到的性能和花纹。

第三节 女内衣常用机织物品种

一、平纹织物

（一）棉平布

棉平布分为细平布、中平布和粗平布三大类。细平布布身轻薄，平滑细洁，布面平整光洁，粗平布布身结实，坚实耐用。中平布介于两者之间。三者既可漂白使用，又可印花及作为刺绣品的底布。其中细平布以其柔软的手感，细腻、光洁的布面，多样化的色彩、纹样、装饰手法和效果，广泛应用在内衣上（图4-17）。

（二）泡泡纱

泡泡纱是采用平纹组织的一种布面具有特殊外观

图4-17 棉平布的应用

的薄型棉织物，原料为纯棉或涤棉的中特或细特纱。泡泡纱织物造型新颖、风格独特、透气性好、立体感强、不贴身、洗后免烫，具有凹凸不平的泡泡状外观。泡泡纱适于做女性夏季的背心、文胸、家居服、睡衣和沙滩装等（图4-18）。

（三）巴厘纱

巴厘纱又叫玻璃纱、麦士林纱，采用平纹组织，用超细强捻纱制成，是棉织物中最薄的品种。其手感柔软、布面匀净、布孔清晰、透明度好、透气舒适、穿着凉爽。巴厘纱适于做衬裙、背心、家居服等（图4-19）。

图 4-18　棉泡泡纱的应用　　　　　　　图 4-19　巴厘纱的应用

（四）绒布

将平纹或斜纹织物经单面或双面起绒加工而成的产品，多用于男女睡衣、文胸等，文胸上用于包裹坚硬辅料如钢丝圈和胶骨等部件，增加穿着舒适度。绒布具有外观优美、保暖、手感柔软、触感舒适、吸湿性好等特点（图4-20）。

（五）纺类丝织物

纺类丝织物是采用平纹组织织造，质地轻薄的丝织物。经纬丝一般不加捻，以素色为主（图4-21）。按原料分为真丝纺、黏胶丝纺、合纤纺、交织纺等。内衣常用真丝纺、黏胶丝纺等。

真丝纺生织后再经练漂、染色或印花，形成表面细

图 4-20　绒布的应用

密、平整的花/素条/格型织物，包括电力纺、杭纺、洋纺、绢丝纺、缎条纺等。其中电力纺因最初采用土丝手织，后改为厂丝电力织机织造而得名。它由桑蚕丝平经平纬生织，再经漂白、染色或印花，也有色织的，面密度为 20 ~ 70 g/m²。按面密度分为重磅电力纺（40 g/m² 以上）、中磅电力纺（20 ~ 40 g/m²）、轻磅电力纺（20 g/m² 以下）。洋纺的外观呈半透明状，绸身细密、轻薄、柔软、平挺、滑爽、飘逸、透凉，具有桑蚕丝的天然光泽。

黏胶丝纺是以黏胶丝为原料织成的纺类丝织物，主要品种有无光纺、有光纺、彩条纺、彩格纺等，质地比真丝纺厚实。由于黏胶丝具有优良的吸湿性和染色性，故而黏胶丝纺平滑细洁、色泽鲜艳、穿着爽滑舒适，缺点是强度低，特别是湿强更低，耐磨性不如真丝纺，表面容易起毛，适宜于做睡衣、背心、衬裙等。

（六）纱类丝织物

纱是加捻丝、采用纱罗组织织成的，表面具有清晰、均匀分布纱孔的丝织物。纱织物纱孔清晰、稳定，透明度高，透气性好，轻薄、爽滑、透凉，有飘逸感。其品种有乔其纱、香云纱、庐山纱等，适宜做睡衣、家居服等（图 4-22）。

图 4-21　桑蚕丝纺类织物的应用

图 4-22　桑蚕丝纱类织物的应用

乔其纱是纱类丝织物最典型的代表品种，采用桑蚕生丝，以 2S2Z 间隔配置的强捻经纬丝织成的平纹丝织物，经漂练，绸面形成均匀的皱纹和明显的细孔。乔其纱轻薄、透明，光泽柔和，手感滑糯有弹性，且抗皱、透气。

（七）绉类丝织物

绉类是运用各种织造工艺（如强捻经纬丝、平经强捻纬丝、经纱张力不同或强伸缩性等）或组织结构作用，利用生丝织成，在经过精练、染色、印花或后处理工艺，使织物表面呈现皱缩效果。一般采用平纹组织或绉组织，如双绉、顺纡绉、乔其绉、碧绉、和合绉、留香绉等。绉类织物光泽柔和，手感滑爽，抗皱有弹性，表面起皱，不贴身，透气舒适（图4-23）。

双绉又称双纡绉，是采用桑蚕生丝、平经强捻纬（2S2Z间隔配置）、平纹组织织成的织物，经练、染、印或后处理，织物表面有隐约的皱纹效果。双绉光泽柔和、富有弹性、坚韧抗皱、凉爽舒适。顺纡绉与双绉的区别在于纬向强捻丝只有一个捻向，织物经漂练后，纬丝朝一个方向扭转，形成一个方向的皱纹。其光泽柔和、富有弹性、坚韧抗皱、凉爽舒适，适用于睡裙、衬裙、背心、文胸等。

图4-23　桑蚕丝绉类织物的应用

涤纶织物强度高，弹性、弹性回复性高，挺括不皱，保形性好，且耐腐蚀，具有热塑性，褶裥造型持久。涤纶织物吸湿性差，贴身穿着有闷热感，舒适性差，且易产生静电，易沾污，但易洗快干、免熨烫，洗可穿性好。涤纶织物的抗熔孔性差，接触烟灰、火星即形成孔洞。涤纶可仿纺类、绉类、纱类丝织物，适于制作具有高压定形褶裥，中低档的女内衣（图4-24，图4-25）。

图4-24　涤纶仿纱织物的应用　　　　　**图4-25　涤纶乔其纱的应用**

二、斜纹织物

（一）牛仔布

牛仔布是一种蓝经白纬、粗特高密的色织棉布，组织为斜纹。按工艺分有彩条、闪光、印花、树皮绉、特种牛仔布；按后整理方法分有石磨、水磨、雪洗、磨毛、石洗牛仔布。牛仔布吸湿、透气，对皮肤无刺激，坚牢耐磨，手感厚实，织纹清晰。经整理的牛仔布柔软挺括，还具有防皱、防缩、防变形的特点。牛仔布可制成文胸、腰封等内衣产品，具有休闲、粗犷的风格（图4-26）。

（二）斜纹布

斜纹布采用$\frac{2}{1}$斜纹组织，细斜纹布由32 tex以下单纱织制。正面斜纹效果较明显，呈45°左斜；反面斜纹效果则不甚清晰。斜纹布质地较平布紧密且厚实，手感较平布松软，吸湿、透气。斜纹布可进行漂白、染色或印花等后加工，色彩和图案多样，用于制作睡衣、衬裙、文胸等。

图4-26　牛仔布在内衣上的应用

（三）斜纹绫

斜纹绫又称斜纹绸，采用$\frac{2}{2}$斜纹组织，经纬丝采用纯桑蚕丝或桑蚕丝和桑蚕双宫丝生织的绫类丝织物，表面具有明显的斜纹纹路。织物光泽柔和，质地细腻、轻薄，适宜制作衬裙、睡衣、睡裙、沙滩装等。

三、缎纹织物

缎类是指缎纹组织或以缎纹组织为地的丝织物，经纬丝一般不加捻，绉缎除外。按原料分真丝缎、黏胶丝缎、交织缎；按其织造和外观分素缎和花缎。织物细密柔软、绸面光滑明亮、细腻。

（一）软缎

软缎是缎类种的代表品种，采用缎纹组织，大多采用桑蚕丝与黏胶丝织成交织缎，也有纯黏胶丝的黏胶丝缎。经纬丝线均为无捻或弱捻，背面呈细斜纹状。根据花色有素软缎、花软缎之分。素软缎素净无花（图4-27），缎面平滑光亮、手感柔软华润、色泽鲜艳、明亮细致。花软缎表面多为月季、牡丹、菊花等自然花卉图案，色泽鲜艳，花纹轮廓清晰，花型活泼。用于制作睡衣等。

（二）桑波缎

桑波缎的经丝是两根桑蚕丝并合；纬丝是两根桑蚕丝以S捻向并合，再与一根桑蚕丝以Z捻向并合，再加强捻，采

图4-27　素软缎在睡衣上的应用

用正反面缎纹组织分别做花、地，纹样多为写实花卉或几何图案。经练漂，缎面光泽柔和，地部略有微波纹，手感柔软舒适。适宜做睡裙、睡衣等。

其他机织物种类繁多，根据设计需要而应用，如毛巾组织织物、起绒织物、罗织物等。

总之，在普通服装上应用极其广泛的机织物在内衣上也有所运用；但其经纬交织的结构特点决定其弹性差，有经纬向特性，所以适体性差。机织物在内衣上多用于局部构件，起包覆、固定、装饰等作用，也可用于制作睡衣、沙滩装等。

第四节　女内衣用非织造织物

一、非织造织物的分类和特性

（一）分类

非织造织物也叫无纺织物或不织布，是指定向或随机排列的纤维通过摩擦、抱合、黏合或这些方法的组合而制成的片状物、纤网或絮垫（不包括纸、机织物、针织物、簇绒织物、带有缝编纱线的缝编织物，以及湿法缩绒的毡制品）。非织造织物所用的纤维可以是天然纤维或化学纤维，可以是短纤、长丝，或即时形成的纤维状物。非织造织物的真正内涵是不织，也就是说它是不经过纺纱和织造过程而制成的产品。从结构特点上讲，非织造织物不是以纱线的形态，而是以纤维的形式存在于织物中，这是非织造织物区别于纺织品的主要特点。

非织造织物按不同的分类方法可分为很多种类：按厚薄分为厚型非织造织物和薄型非织造织物；按使用强度分为耐久型非织造布和用即弃型非织造织物（即使用一次或几次就抛弃）；还可按应用领域分为服装制鞋非织造织物、医用卫生保健非织造织物、装饰非织造织物和其他非织造织物；按加工方法分为干法非织造、湿法非织造和聚合物直接成网法非织造（图4-28）。

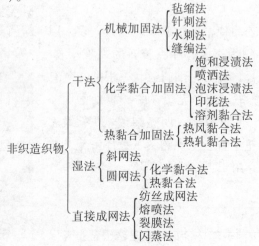

图4-28　非织造织物的分类

（二）非织造织物的量度

1. 面密度

非织造织物的面密度是以每平方米克重（g/m²）来计量的，用于服装的一般絮片为100～600 g/m²，热熔絮棉为200～400 g/m²，太空棉为80～260 g/m²，无胶软棉为60～100 g/m²。

2. 厚度

非织造织物的厚度是指在承受规定压力下织物两表面间的距离 D（mm）。帽衬用非织造织物厚度为0.18～0.3 mm，鞋用非织造织物厚度为0.75 mm，带用非织造织物厚度为1.5 mm。

3. 密度

非织造织物的密度是指其质量与表观体积的比值（g/cm³）。

二、女内衣常用非织造织物

非织造织物的制造工艺流程较传统织物简单，产量高，成本低，随着非织造织物的生产技术不断发展与完善，非织造织物在内衣方面的应用越来越广泛。

（一）内衣面料

主要用于一次性内衣，如一次性内裤、一次性文胸和医用内衣等（图4-29～图4-32）。

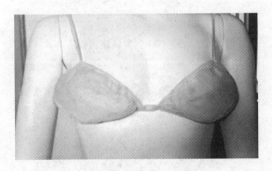

图4-29　一次性文胸

图4-30　一次性无肩带文胸

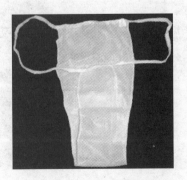

图4-31　一次性T型内裤

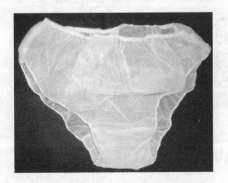

图4-32　产妇用裤

（二）用于絮片

包括热熔絮棉、喷浆絮棉等，可做保暖内衣的絮片。

（三）用于衬料

可做文胸的罩杯，补正内衣的肩衬、胸衬、臀垫等。

除以上介绍的内衣用针织物、机织物、非织造织物外，皮革、竹木、塑胶、珠宝等也在内衣中采用（图 4-33 ~ 图 4-38）。这类材质常用于内衣设计创意的表达。

图 4-33　木材文胸

图 4-34　金属链文胸

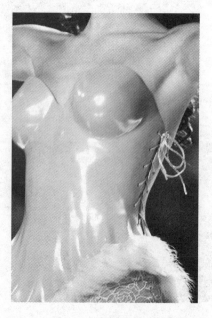

图 4-35　塑胶塑身衣

图 4-36　金属丝文胸

图 4-37　羽毛睡衣

图 4-38　金属涂层文胸和内裤

思考与练习

1. 解释下列名词：

   混纺织物；交织物；色织物；经纬密度；织物组织；飞数。

2. 简述机织物的组织类别及其在内衣上应用的特点。

3. 收集市场上 10 种机织物内衣，分析面料的原料、纱线、组织等特性，说明材料对内衣的影响。

4. 简述非织造织物的特点及其适用的内衣类别和特点。

第五章

女内衣常用装饰物

教学题目：女内衣常用装饰物

教学课时：6 学时

教学目的：

    学习女内衣常用装饰物的分类、结构和特点，了解学习蕾丝、绳带、刺绣等装饰材料的应用规律。

教学内容：

    1. 蕾丝

    2. 绳带

    3. 刺绣

    4. 其他

教学方式：

    辅以教学课件的课堂讲授；市场调研和网络调研；完成内衣设计作品，展示学习成果。

女内衣的装饰物主要包括蕾丝、刺绣、绳带、印花、编织等。这些装饰物的制作及加工工艺极为细腻、精致，在内衣的造型中往往起到画龙点睛的作用。内衣设计中，利用服饰配件中的肩带、腰头，裤脚边、内衣边缘搭配各种蕾丝边，松紧带、钩扣等，可以起到协调和整合内衣的效用。

第一节　蕾丝

一、蕾丝概述

蕾丝是英文"Lace"一词的音译，原意指花边、饰边等装饰物，后又引申为带有图纹、图案的，透明或半透明的薄织物，通常由针织、刺绣或编织而成。蕾丝通常用作各类内衣的接条或镶边。其原料有丝、毛、棉、化纤等等。蕾丝种类很多，有体现量感的，有体现坚硬强韧感的，有柔弱感的，有极薄如雾丝般感觉的。

蕾丝起源于欧洲，在18世纪，蕾丝作为一种最具女性化的装饰，变成了一种貌似温柔，实则具有"女权"色彩的服饰符号。蕾丝有着精雕细琢的奢华感和体现浪漫气息的特质，原本是作为一种辅料来用，但由于蕾丝设计理念的创新、色彩搭配的丰富，人们逐渐将蕾丝作为服装面料。在19世纪的新古典主义和浪漫主义服装潮流中，蕾丝抛弃了洛可可时代的感觉，成为理想和浪漫的象征。蕾丝在本质上传达的是"雾里看花"的时尚、透而不明的模糊美感。这种美感将抽象与具象合二为一，给人带来丰富的想象和神秘感，使它既具有豪华、神秘、性感、娇柔、浪漫、妩媚的一面，也具有纯真、素雅、简洁、自然、优雅、清新的一面，使蕾丝面料在时尚潮流中不断地传达女性的内在气质。花边是内衣设计中常用的材料，具有功能和装饰的两重功效。图5-1为一款以蕾丝为材料制作的透视文胸。

中世纪至18世纪时期，蕾丝织物是相当珍贵的商品。作为饰品，佩戴花边是贵族身份的一种体现。那时候，花边是由手工将纱线互相缠绕串套成网眼织物，并在其中进行刺绣花纹形成的。花边生产的

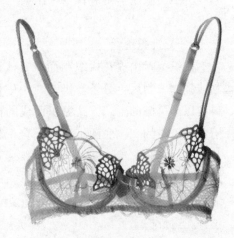

图5-1　蕾丝文胸

第一次革命是由手工编织转变成机器生产。19世纪前后，陆续出现了六角网眼花边机、刺绣花边机及梭结花边机。目前，在世界很多地方仍然采用，但它因生产效率极低而远远不能满足社会的需求。

1956年，第一台用于花边生产的12梳拉舍尔经编机诞生，可以说是花边生产方式的第二次革命。随着科技发展，新一代拉舍尔经编机装有多达78把梳栉，已能生产各种精

美花边。再加上电子计算机在设计和生产等方面的应用，多梳花边机的生产率和起花能力已大大提高，目前正在普遍地替代其他传统的花边生产方式。

随着人们生活水平的不断提高，女性对文胸的要求从单纯的功能性转向装饰性，甚至有些内衣为外穿设计。蕾丝质地轻薄通透、图案丰富多变、种类繁多、风格多样，是文胸广泛使用的装饰面料，是时尚内衣界经久不衰的"宠儿"。蕾丝装饰应用不仅提高了文胸的整体设计感、时尚感，同时也提高商品的附加值。作为女内衣的主流装饰之一，蕾丝的形式可采用手工钩织，抽纱花边。

二、蕾丝的分类

蕾丝面料的分类方法有很多种，如按照原料的不同可分为全棉蕾丝、全麻蕾丝、真丝蕾丝、化纤蕾丝等；按照色彩的不同可分为黑色蕾丝、粉色蕾丝、白色蕾丝、紫色蕾丝等；按照有无弹性纤维可分为有弹蕾丝与无弹蕾丝，一般有弹蕾丝中氨纶的含量在10%左右；按照布边形式可分为直边和波浪边等。而波浪边又可分为规则型和非规则型两类。规则型波浪边的蕾丝根据浪边的大小分为小波浪边和大波浪边两类。在服装设计时，要充分考虑它们的区分，如小波浪边一般用于内衣领口、袖口、衣摆等上衣装饰，而大波浪边主要用于内衣下摆、裙边等下装的装饰。本章重点介绍按照成型工艺进行的分类，主要有机织、针织、刺绣、编织四类。一般而言，机织蕾丝质地紧密，花型富有立体感，色彩丰富；针织蕾丝组织稀松，有明显的孔眼，外观轻盈、优雅；刺绣蕾丝色彩种数不受限制，可制作复杂图案；编织蕾丝花边有机器制成，也有用手工编织。

（一）机织蕾丝

机织蕾丝由提花机织制而成，往往采用多组有色经线和纬线交织，可以多条同时织制或独幅织制后再分条。机织花边中比较著名的是利维斯花边，是融合传统技艺与现代科技以半机械的生产方式编织而成的梭织类花边。1813 年诞生于英国，具有极其悠久的历史和深厚的文化底蕴。当时完全依赖于娴熟的技巧与丰富的经验来制作。其特殊而极其复杂的工艺制造，使花边花型细腻而丰富，具有超凡的艺术表现力，可以展现最复杂的花型颜色和设计细节。今天，革新的花样设计和编织技术使利维斯蕾丝具有不同的伸缩率，表里两面使用不同素材的花边，富有立体感，可营造出优雅而奢华的气氛，因而这种花边价格昂贵。

每种机织蕾丝都与一种特殊的机器相关。线圈结构蕾丝由经编机架的衍生机构织造；捻转结构蕾丝由列维斯花边机织制；机制刺绣蕾丝经自动刺绣而成，由飞梭刺绣机及相关机器批量生产而成。

（二）针织蕾丝

针织蕾丝主要指经编花边（面）。经编花边是文胸、内裤、睡衣中常用的兼具美观装饰和功能性的材料，顾名思义，它是一种针织经编类的花边。根据使用机器的不同可织造不同的种类和效果，常用的以贾卡（Jacquaral）和拉舍尔（Raschel）花边居多。有明显的地组织结构和花纹结构两部分组成，可以网孔做地组织，也可以局部衬纬做地组织，但多数以网孔做地组织，而以局部衬纬形成花纹。由此可见，要形成花边织物必须有两种纱线：一种是编织地组织用的地纱；另一种是形成花纹的花纱。两种纱以不同的整经方式绕成经轴，穿入各自连接的导纱针内。通常，地纱采用较细的纱线，花纱采用较粗的纱线，在多梳梢舌针花边机上织造。制作过程是：舌针使经线成圈，导纱梳栉控制经编织图案，经过定形加工处理开条即成花边，其宽度根据用途而定。经编花边组织稀松，有明显的孔眼，外观轻盈、优雅，花型变化丰富多样且更新速度快。针织蕾丝具有一定的弹性，性能与质量比较稳定，大多以锦纶丝、涤纶丝、人造丝为原料。

手工针织蕾丝由两个或多个针织机针控制丝线织制而成。机器针织花边因批量生产而诞生，机器控制单根或多根纱线可快速完成大量产品。

（三）刺绣蕾丝

刺绣蕾丝以机织面料为基底，始自 15 世纪。刺绣花边立体感强，风格华丽高贵，外观可呈现出凹凸有致和颜色丰富细腻的花型。因刺绣花边具有华贵的外观和浓郁的古典风情，刺绣花边的产品已成为爱慕品牌的一大特色。

刺绣花边分手绣和机绣两种。手绣花边属高档花边，是用手工在织物上绣制机绣无法生成的复杂图案，且有多种风格，形象逼真，富有艺术感。机绣花边的织制是由提花机控制花纹图案，下机后，经处理开条即成。

按照底布的不同分为网布刺绣花边和水溶刺绣花边。网布刺绣花边是用绣线在底网和水溶纸的组合物上刺绣，最后将水溶纸溶去（图5-2）。

水溶刺绣花边则是将绣线直接刺绣在水溶性非织造织物上，用黏胶长丝做绣花线，通过电脑平板刺绣机将花纹绣在底布上，再经热水处理使水溶性非织造底织物溶化，从而产生独立的镂空花型的花边或者花片（图5-3）。该方法成本较低，且具有超凡的艺术

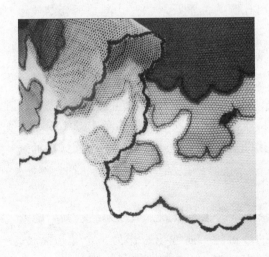

图5-2　网布刺绣花边

图5-3　水溶刺绣花边

表现力，可以展现最复杂的花型颜色和设计细节。这种花边的价格昂贵，可营造出优雅而奢华的气氛。

按照刺绣工艺的不同又可分为平绣和彩绣。

平绣是指只用颜色相同的绣线刺绣，但可以利用不同成分、染色性能不同的绣线交替刺绣或花边织造完成后再经过两次染色从而产生双色的效果。如爱慕运用双色变化平绣的设计有母款"恋雪绒花"系列等。

彩绣是指在花边织造前先将纱线染色，然后将颜色各异的绣线组合刺绣，从而得到颜色鲜明、层次丰富多变的高档刺绣花边，整个生产过程相当复杂。如爱慕运用彩绣的产品有"梦幻思绪"系列等（图5-4）。

此外，近年来兴起的印花刺绣花边，是利用转移印花的技术在刺绣花边上再印制变换的颜色或多样的图案，又给刺绣花边添加了更瑰丽的色彩。如爱慕品牌中"锦绣风华"系列和"珈莱伊甸"系列。

随着科技的进步和刺绣工艺的发展，刺绣花边的变化日新月异。比如网布越来越丰富，梭织布、针织布，甚至其他花边都用作刺绣的底布。另外刺绣的手法越来越丰富。激光技术应用于刺绣工业，使得刺绣的外观更加丰富。兰卡文（La Clover）品牌2008秋冬Modal保暖衣系列就采用了瑞士进口的激光切割花边，风格非常独特。

图5-4 彩绣蕾丝在文胸上的应用

1. 挖花蕾丝

挖花蕾丝设计的基础是按花纹在面料上挖出孔洞的位置及形状。孔洞是否套结或进行其他装饰取决于孔洞大小及蕾丝的风格。起初，挖花蕾丝仅作为刺绣的一个小门类，而后其工艺日臻复杂完善。比如，雕绣花边、原野刺绣蕾丝、黎赛留刺绣蕾丝、俄罗斯刺绣蕾丝。

2. 抽绣及抽纱刺绣

抽绣是将松散机织面料作为基底，以各种装饰针法紧密锁绣、编结布中的纱线，形成镂空图案。例如，德累斯顿花边及其他细布刺绣花边。部分花边的织制采用抽纱与抽绣相结合的方式，即先将基底布的某些纱线抽出，剩余的纱线以抽绣针法进行装饰。例如，菲律宾的菠萝纤维织物刺绣品。

抽纱蕾丝是将基底布的某些纱线抽出，剩余的纱线重新排列，或以编结、刺绣的形式进行装饰。例如，意大利花边蕾丝，墨西哥抽纱蕾丝。抽纱花边作为一个花边品种，始于15世纪下半叶的意大利，后传至欧洲各国。当时蕾丝大多以白色麻布为材料，用于装饰台布、毛巾、手帕、餐巾、床罩、帘帷、枕套等。20 世纪初，中国绣女将外来技法与民间刺绣结合起来，形成独特的地方风格，所绣台布当时称为抽线绣花台布。

3. 网布刺绣

（1）手工网布刺绣蕾丝

方眼网布蕾丝——图案点缀在一个打结的方形或菱形网布上，可以是环绕式，也可以是嵌入式。布勒托蕾丝——图案点缀在纱罗组织面料上。

（2）机绣网布蕾丝

机针运走或进行绷绣。例如，挖花针绣花边。

细布贴花。例如，贴花刺绣品（贴花刺绣网带蕾丝的术语为挖花刺绣）。

机制贴花或手工贴花到机制网布。比如，霍尼顿 Tape 或布鲁塞尔的公主蕾丝。如果不是因为网布上常常附加一些刺绣或者为数不少的其他手工制品作为设计的一部分，该种蕾丝往往是刺绣蕾丝的饰边。

（四）编织蕾丝

编织蕾丝由转矩花边机制成，也有用棒槌手工编织的。编织花边也属透孔型，质地稀松，以棉线为主要原料。

1. 针绣蕾丝

针绣蕾丝指不用基布的蕾丝。它们源自 16 世纪末期，沿用了刺绣蕾丝的技术，特别是挖花及抽绣工艺。

锁眼针绣蕾丝是尺寸最大的单组针绣蕾丝，包括威尼斯提花针绣蕾丝、威尼斯平式针绣花边、法国针绣花边、阿朗松针绣花边、荷莉针绣花边等。

针梭织蕾丝在一个基本的或有弹性而呈辐射状的绣花线上织制。比如，特纳里夫（Teneriffe）及其他索尔蕾丝（源自早期的西班牙抽绣）。这些蕾丝中出现了一些打结线，但整体的设计以织补线迹为主。

针结蕾丝可以制作非常简单的样式，也可以制作非常精致的样式，甚至可以三维形式呈现；但其打结的结构也存在区域差别。由于这种结构，它们最早被归类为打结蕾丝。

2. 梭结蕾丝（线卷蕾丝）

梭结蕾丝开发于 15 世纪末期，源于当时的一种饰带制作技术。梭结蕾丝品类繁多，如图 5-5 所示。

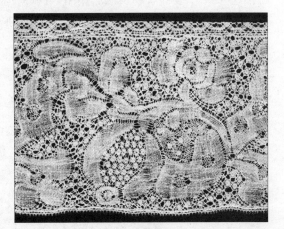

图 5-5　梭结蕾丝

3. 打结式蕾丝

打结式蕾丝包括网结蕾丝、梭织蕾丝及结子蕾丝。网结蕾丝指将缠绕于网梭上的单根纱线进行打结，网眼由机针针号控制。梭织蕾丝由多根丝线，采用小巧的船型梭子织制。结子蕾丝是一种手工打结的多线蕾丝。

4. 钩编蕾丝

钩编蕾丝由单线织制而成，由机架形成线圈（图5-6）。钩编蕾丝产生于19世纪早期，最早是一种服用的厚重型线圈织物。

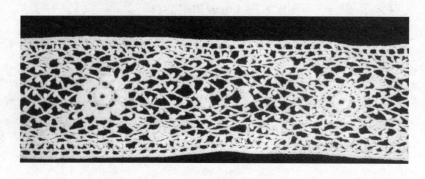

图5-6　爱尔兰钩编花边

（五）复合蕾丝

从16世纪开始，许多蕾丝混合了多种技术。从19世纪起，这种复合蕾丝非常流行。主要复合形式为梭结加针绣、梭结加机制、针绣加机制、机制加钩编等。

（六）当代花边

普通纺织品加工未涵盖的特殊外观织物，可归类为花边。按照给定的定义，此类纺织品主要用于装饰衣物及家居用品。例如，将三层合成透明硬纱以方格线迹缝合在一起，然后在方格中间烧制成"空间图案"，从而形成风格独特的创意花边。

三、蕾丝的组织结构和性能

蕾丝以针织形式为主。针织花边属于花式经编针织物，一般由拉舍尔经编机织制，主要包括多梳栉经编织物与贾卡经编织物。

（一）多梳栉经编组织

在网孔地组织的基础上采用多梳衬纬纱、压纱衬垫纱、成圈纱等纱线形成装饰性极强的经编结构，称为多梳栉经编组织。

多梳栉经编组织的织物有弹性或非弹性的满花和条型花边两种。满花织物主要用于妇女内外衣、文胸、紧身衣等服用面料，以及窗台、台布等装饰产品。条形花边织物主要作为服装辅料使用。

多梳经编织物根据用途来分，主要有多梳网眼窗帘织物、多梳服装网眼织物、多梳花边饰带等。多梳栉经编组织由地组织和花纹组织两部分组成：

1. 地组织设计

常用多梳栉经编组织的地组织有如下分类：

（1）编链地组织

采用一把梳栉编织编链地组织，其穿经可以是满穿，也有采用穿一空一的，然后在编链上进行提花。由于编链纵向延伸性小、强力大、用纱少、因此，可以在编链上随意设计花型。同时，由于组成花型纱线之间的牵拉，使其形成独特的风格，是应用较多的一种地组织。

（2）网眼地组织

多梳栉经编组织的地组织一般可分为四角形网眼和六角形网眼结构。花边类织物通常采用六角网眼地组织，其垫纱运动和线圈结构如图3-37所示。

（3）方格地组织

应用编链地组织织物纵向延伸性小、衬纬横向延伸小的原理，使编链和衬纬做不同的连接，彼此牵拉成为不同的方格地组织。其垫纱运动和线圈结构如图3-36所示。

（4）菱形地组织

该地组织使用两把梳栉：前面一把地梳满穿纱线，编织编链；后面一把梳栉采用不同的穿纱方法和不同的衬纬组织。由于牵拉力的作用，最后织成有规则的菱形图案。这种地组织变化很多，用的也多，图案很美观，有时直接作为菱形装饰织物。图5-7和5-8为典型菱形地组织示意图。

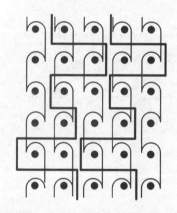

图5-7　三列菱形地组织

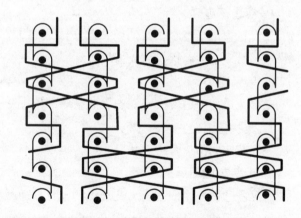

图5-8　三梳三列菱形地组织

2. 花纹组织设计

多梳栉经编组织的花梳可以采用局部衬纬、压纱衬垫、成圈等垫纱方式而形成各种各样的花纹图形。多梳栉花型设计比普通经编织物的设计要困难一些，且随着机器种类的不同而有所区别。图5-9所示为一种简单的花边设计图，它是在六角网眼地组织基础上通过局部衬纬来形成花纹的。

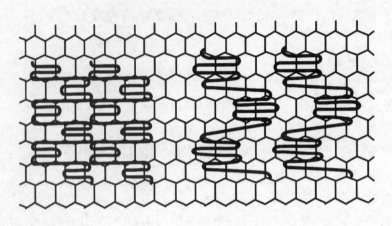

图 5-9　简单花边设计

（二）多梳服装花边织物

服装花边的设计与多梳窗帘织物的设计基本相似，由于梳栉数更多，而花型完全组织宽度相对较窄，因此内衣花边的设计较之窗帘织物的设计更为复杂。

（三）多梳花边饰带

装饰花边有两种生产方式：生产全幅花边织物，通过成衣业进行裁缝；长条形花边用于装饰其他织物，对于内衣而言，主要装饰罩杯、领口、下摆的边沿。

对于条形花边饰带，根据其形状和用途，又可分为以下基本形式：

1. 镶边花边

条形花边用于缝制在其他织物的布边或装饰在衣服的某一部位。一般花边的一边为平直边，另一边为起伏状边或齿形边。

2. 嵌条花边

条形花边的两边皆镶嵌入衣服的某些部位中。一般两边为平直边。

3. 波状花边

条形花边的两边皆为波状月牙边。

4. 剪裁花边

这种花边的整个图案是从花边织物巾直接剪裁出来的。

为利于编织，条形花边总是先织成整幅织物，然后在织物后整理工序中将其分离。根据经编技术和花边边缘形状，可用不同的方式进行织物分离。具体分离方法有扯裂法、脱散分离法、纱线拉脱法、切割法、熔断法、溶解法。

（四）多梳弹力花边织物

采用弹性纱线生产的经编弹力网眼和花边织物非常受人欢迎，特别在妇女胸衣、妇女紧身内衣行业，多梳拉舍尔经编机生产的华丽织物更是具有相当大的吸引力。

由于弹性经编机目前已采用槽针进行编织，因此，这类织物不仅仅局限于化纤丝与弹性纱线的交织，而且也可以采用棉纱线或短纤纱与弹性纱线交织。经这种方式生产的织物具有良好的吸湿性、透气性，因此可制成游泳衣、妇女胸衣、外衣及运动服装等。

弹力花边的设计方法与多梳花边的设计基本相似。不同点主要在于地组织结构，花纱垫纱方向限制及意匠纸的选用等方面。

（五）多梳压纱花边织物

用压纱板机构生产和美化织物的原理并非是新的。在外衣行业中，已有相当长时间编织此类织物（图5-10）。在多梳栉机器出现前，压纱板机构仅用于六梳经编机上。压纱板安置在机器的中央，因此，用后面三把梳栉构成地组织，前面两把梳栉起压花效应。压纱织物具有两个主要特点：

图5-10　多梳压纱花边

首先，在织物中，压纱纱线配置在其他纱线工艺反面的上方。因此，从工艺反面描绘此结构时，压纱纱线必须配置在地梳之前的一把梳栉中。而在衬纬组织中，衬纬纱线是安置在地梳后方的梳栉中。

其次，压纱纱线在织物中，仅在其延展线的两端处与地组织连接，而衬纬纱在织物中与它横越过相交的每一地组织延展线相连接。因此，压纱纱线会在拉舍尔花边织物中产生一个新颖的效应。由于压纱纱线处于织物工艺反面的上方，从而使织物获得一个三维立体的花纹，而衬纬花纱却是被夹持在地梳的正面纵行和延展线之间。

（六）多梳贾卡花边织物

1. 多梳贾卡花边织物的分类

（1）康托莱特花边织物

这类织物在康托莱特多梳经编机上生产。由于复合了贾卡系统，因此，可以生产具有轮廓花纹的花边（图5-11）。

（2）贾卡簇尼克花边织物

这类织物在贾卡簇尼克多梳经编机上生产。产品多为花边，织物可以是弹性的或非弹性的（图5-12）。

图5-11　康托莱特花边

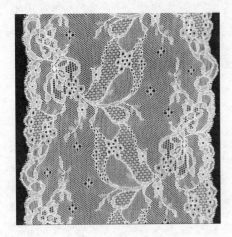

图5-12　贾卡弹性花边

图5-13　特克斯簇尼克花边

（3）特克斯簇尼克花边织物

这类织物在特克斯簇尼克多梳经编机上生产。由于机器带有贾卡和压纱板，因此，专门用来生产高质量的精美花边织物，很像传统的利韦斯花边（图5-13）。

（七）贾卡经编组织结构特点

贾卡经编织物是一类网眼型装饰织物。这类织物图案多变，花型丰富，层次分明，质地稳定。它的风格在经编织物中独树一帜，广受消费者喜爱。主要用于室内装饰和装饰性妇女内衣面料及花边辅料。作为装饰辅料，它可以是弹性的，也可以是非弹性的；可以带花环，也可以不带花环。其花纹精致，具有立体效应，并且底布结构清晰，面密度小，成本低。

1.衬纬型贾卡经编织物

贾卡经编织物由贾卡提花装置配合拉舍尔经编机，在织物表面形成由密实、稀薄和网孔区域构成花纹图案的经编结构，称为贾卡提花经编组织，简称贾卡经编组织，其结构示意可参见第三章第二节（图3-40）。贾卡提花装置可以使每根贾卡导纱针在一定范围内进行独立垫纱运动，因而可编织出尺寸不受限制的花纹。

2.成圈型贾卡经编织物

成圈型贾卡经编织物可以是弹性或非弹性的，地组织可以是紧密的或网眼状的，具有立体或平面的效果，可用于妇女内衣、泳衣、运动衣、海滩服等的生产。

成圈型贾卡经编织物的提花原理如下：

① 二针技术。二针技术不是形成"厚、薄、网孔"效应，而是通过同向垫纱和反向垫纱，形成花纹图案（图5-14）。

图5-14（1）中贾卡导纱针在针背横移时没有偏移，在二针技术中一般不用；图5-14（2）中贾卡导纱针奇数横列在针背横移时发生偏移，从而与地组织在针背作反向垫纱；图5-14（3）中贾卡导纱针偶数横列在针背横移时发生偏移，从而与地组织作同向垫纱。

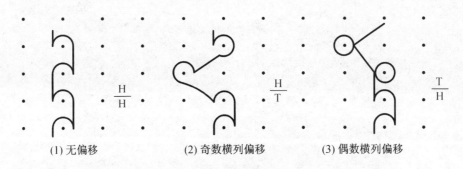

(1) 无偏移　　　　　(2) 奇数横列偏移　　　　(3) 偶数横列偏移

图5-14　二针技术示意图

② 三针技术。三针技术是应用最多的一种技术，可以形成立体花纹效应（图5-15）。

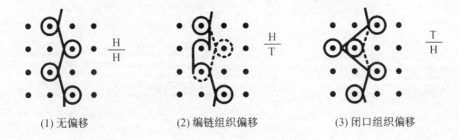

(1) 无偏移　　　　　(2) 编链组织偏移　　　　(3) 闭口组织偏移

图5-15　三针技术示意图

图5-15（1）中贾卡导纱针在针背横移时没有偏移，作闭口组织，在织物表面形成"薄"花纹效应；图5-15（2）中贾卡导纱针在针背横移时发生偏移，作编链组织，在织物表面形成"网孔"花纹效应；图5-15（3）中贾卡导纱针在针背横移时发生偏移，作闭口组织。在织物表面形成"厚"花纹效应。

③ 四针技术。四针技术是应用较多的一种技术，可以形成立体花纹效应（图5-16，图5-17）。

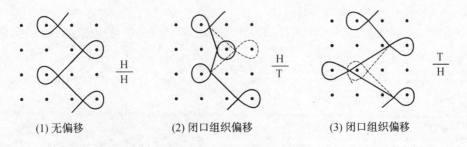

(1) 无偏移　　　　　(2) 闭口组织偏移　　　　(3) 闭口组织偏移

图5-16　四针技术示意图

图5-16（1）中贾卡导纱针在针背横移时没有偏移，作闭口组织，在织物表面形成"薄"花纹效应；图5-16（2）中贾卡导纱针在针背横移时发生偏移，作闭口组织，在织物表面形成"网孔"花纹效应；图5-16（3）中贾卡导纱针在针背横移时发生偏移，作闭口组织，在织物表面形成"厚"花纹效应。

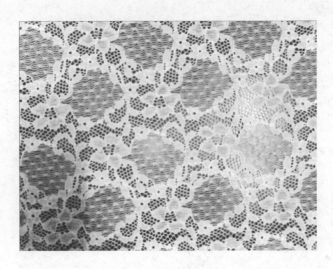

图 5-17　贾卡蕾丝

3. 浮纹型贾卡经编织物

浮纹型贾卡经编织物是在纯洁、半透明的地组织上形成的三维独立花纹图案。浮纹织物具有以下特点：

（1）地组织与花纹分开形成

透明的网眼织物加上具有三维立体效应的花纹图案，并且花纹图案是独立的，在地组织上可以放在任意位置。这相当于绣花，可以在任意部位刺绣。故而可以使用一些特殊的纱线。另外，贾卡花纹需要地纱线量大大地减少，从而可以既有效又经济地组织生产。

（2）花纹循环没有限制

当生产花纹图案和地组织时，采用电子贾卡系统，因此，花纹循环没有限制。花纹图案的大小和形状及各种地组织都能自由地设计。

（3）具有独立的立体花纹效应

由于采用新型的贾卡和单纱选择装置，从而能形成特殊的花纹效应。不使用贾卡纹板或者电磁铁，每一个贾卡导纱针由脉冲信号控制其向左或者向右偏移。贾卡系统同单纱选择装置配合，从而能实现贾卡导纱梳上的纱线有选择地形成花纹图案，并且花纹纱线可以有选择地参加或退出编织。

（4）织物底布具有很高的透明度

形成花纹的纱线只用于生产花纹部分，花纹与花纹之间则不用这些纱线，这样地组织可以做得很精致，透明度高，并且织物质量很轻。

另外，可以在该织物上进行转移印花，得到特有的蜡笔画效果和白色花纹图形。在浮纹贾卡经编机上可以用成型编织的方法生产高档的妇女内衣。浮纹型贾卡经编织物的应用还有弹力花边。

四、女内衣中的蕾丝运用

蕾丝是内衣重要的装饰物，常作为内衣面料而直接使用于某些特殊部位。宽的蕾丝有 10 cm 左右，可以裁开装饰在内衣的各个部位；窄的蕾丝只有 1 cm 左右，通常缝在内衣边缘和内侧，或充当"橡筋"的功能。蕾丝价格较高，因此，其使用位置和面积大小直接影响内衣的成本。但由于蕾丝的形式、组织结构及色彩繁多，所以，对内衣的款式和色彩具有一定的开发性。

内衣中应用较广泛的蕾丝为：利韦斯蕾丝与贾卡花边（图 5-18）。

刺绣蕾丝与机织蕾丝共同使用，在女式内衣上装点出无数绚丽的图案。刺绣有很多种，一般采用薄纱刺绣在文胸或吊带裙正面上半部。刺绣花边最突出的特点是表现为大朵的花卉和鲜艳的颜色，具有强烈的视觉效果。

蕾丝作为艺术性装饰，可以为文胸增添或青春活泼，或性感狂野，或优雅高贵的情调。

图 5-18　刺绣蕾丝内衣

（一）蕾丝在文胸中的应用部位

蕾丝作为文胸的重要装饰之一，运用比较灵活。不同风格的蕾丝在文胸不同部位的装饰应用，对于文胸的整体风格产生重要作用，根据应用部位的不同分为局部装饰和整体装饰。

1. 局部装饰蕾丝

蕾丝的局部装饰又分为肩带装饰，罩杯局部装饰和镶边装饰。通常应用于文胸的肩带、鸡心、碗上边布、耳仔、下巴，抑或是整个罩杯，装饰手法多种多样（图5-19）。设计师可根据文胸所要表达的不同的风格来确定蕾丝的应用部位，如在下巴处以粉色或者白色蕾丝为点缀，突出少女青春活波的性格特征，这种装饰既能使边部更加精致美观，又让其本身的风格更明确化，提高文胸的附加值。局部的点缀除要突出主要风格之外，更重要的是与面料

图 5-19　局部蕾丝装饰文胸

的色彩、图案、肌理形成融合或对比，风格统一化，使整体造型新颖别致。

2. 整体装饰蕾丝

指蕾丝应用于文胸整个罩杯（图5-20）。在文胸设计中，大面积、整体地运用蕾丝，将含蓄、朦胧之美展现得淋漓尽致。如表现性感张扬个性的文胸，用黑色蕾丝作为主面料布满其罩杯，则非常到位得表现出若隐若现的性感。在整体装饰中，如果文胸的底布为其他材质，则应把握好底布与蕾丝特性的组合，例如，同色系的底布和蕾丝相互结合，从而表达出蕾丝"透"而不"明"的朦胧感，增加文胸的特殊韵味。

在文胸设计中，无论蕾丝为局部装饰还是整体装饰，都不可随意混搭。蕾丝的装饰面积、蕾丝面料的质量都需要合理设计。

图5-20　整体蕾丝装饰文胸

（二）文胸中的蕾丝设计

蕾丝设计的出发点和最终目的都是为了更好地表达文胸本身的风格，满足不同女性对不同形式的文胸的需求。蕾丝设计需要全面把控文胸结构、工艺、材质、裁剪、蕾丝花形组合、面料及色彩搭配等。

在进行蕾丝图案选择时，依据蕾丝风格选取不同的设计元素。清纯甜美型文胸的蕾丝图案多采用小型花朵、小动物图案的简形进行散点式设计，给人以清新活泼的愉悦感；高雅型文胸蕾丝图案设计多采用大花花型，也有花型和几何图案相结合，一般采用重复性设计手法进行蕾丝的整体设计，在罩杯上犹如两朵绽放的花朵，给人以浪漫气息；情趣型文胸（图5-21）蕾丝设计多采用几何形式的素材，各种形状的几何图形，也有与花卉结合进行创意设计，蕾丝一般作为局部装饰来点缀整个文胸罩杯；性感狂野型文胸一般采用视觉冲击力强的动物纹理图案作为设计元素，采用整体装饰设计或者是局部装饰设计，通过动物纹理的变形、夸张，表现女性的野性美。

蕾丝的色彩设计遵循概括、精练的颜色组合原则，结合不同的蕾丝生产原料创造出丰富的图案层次为标准，能营造出体

图5-21　情趣内衣

现多种空间层次美感的花型。关注花边流行趋势的同时，还要和内衣流行趋势及不同季节文胸色彩的变化相吻合。清纯甜美型文胸的蕾丝，色彩多采用浅色组合，比如，浅蓝色和淡粉色可以表现出清纯活泼，略带羞涩的感觉；高雅型文胸的蕾丝设计在色彩运用上常常采用粉色系列和各种艳丽的纯色进行组合，从多个方面表现女性柔美的感觉；情趣型文胸的蕾丝设计在色彩运用上相对广泛和夸张，黑色、湖蓝、绛紫、黄橙色等艳丽、魅惑的亮色，一般采用多色花边，使整个风格充满创新、情趣的味道；狂野性感的文胸在色彩上多选择黑色、深色系感，或者与明度比较低的纯色进行搭配，通过与其他材料、其他色系的结合表现出女性的奔放、性感。

原料对蕾丝花边色彩层次和立体感具有很大影响。蕾丝的设计重点强调花、地组织相互结合形成的美感。贾卡组织形成丰富的地，根据不同组织和层次结构选择花梳原料，常用的原料有锦纶、涤纶、人造丝等。原料的选择直接影响着蕾丝的外观和风格表现，每一种原料都有其性格特征。

1. 根据色彩层次选择原料

蕾丝花边通常是织造后染色整理，也有用色纱或七彩丝进行织造，因此，当需要两种以上色彩搭配时，通常会采用几种原料。常用于蕾丝花边的原料有锦纶、涤纶、黏胶和其他（如七彩丝、金银丝）花色纱线，利用原料的不同染色性能形成色彩层次。锦纶由于易于染色，并且易于染一些鲜艳的颜色而成为最常用的原料；黏胶由于湿强力较低而不能大面积地使用，通常成为蕾丝花边中的点缀色或提亮色；涤纶的染色性较差，不易染一些鲜艳的颜色，因此，只有当需要三种以上色彩搭配时才考虑使用涤纶。

2. 根据立体层次选择原料

除了利用色彩形成层次外，还可以利用纱线的粗细、光泽和弹性形成蕾丝花边的立体层次。纱线的粗细不同，所形成花型的立体感也不同。粗纱线形成的压纱组织类似于刺绣的效果，立体感很强，花型的花边突出，层次分明。粗纱线或有光丝形成花型的主体或轮廓部分，细纱线或无光丝形成花型的阴影部分，使花型具有很强的立体感。纱线的弹性可以使花型的包边线更加圆滑、柔美，如锦纶包覆纱具有较高弹性，所以被用作包边线，增加花型轮廓的柔顺感。

此外，对于文胸上的花边，在花高、花宽上都要有所限制。通常，亚洲市场上的花高为 50~100 mm，欧美市场上的花高为 100~150 mm。

第二节　绳带

一、绳带概述

绳带是绳状物与带状物的混称，在内衣中主要起装饰与系结作用。带状物指起装饰或兼有装饰作用的薄型带织物。常用棉、丝、化纤、皮革、金属丝等原料经梭织或针织而成，一般呈扁宽状。绳状物指以装饰为主，并有紧扣作用的绳索。原材料有人造丝、涤纶低弹丝、锦纶丝、丙纶丝和棉纱等。按形状分为：①单数锭编绳，为扁平绳，一般宽度在15 mm 以下，如鞋带；②双数锭编绳，为圆形，直径为2～15 mm，通常为8锭、12锭或更多锭。绳状物质地紧密、表面光滑、手感柔软、外观为人字交织纹路。用于帽、鞋及服装的紧扣件和装饰件。绳与带的质感和肌理有所不同。绳是由两股或两股以上的线拧合而成的圆柱形，有清晰的盘结纹理，给人的感觉比较坚实有力，且通过光影作用，材质表面能够产生强烈的立体感，给人以丰富的联想。绳带可以由多种纤维织物或皮革等柔韧材料制成，它的质感完全取决于原材料的特性。细腻、光亮的丝织物轻柔、高贵，粗实、厚重的棉麻质朴、亲切，而光滑、硬挺的皮革很容易使人感觉到野性气息。近年来，材料被艺术家们当作最为直接的表现思想和观念的媒介，具有了独立的审美价值。绳带的材质就是体现其美感的重要因素。

二、带状物的分类和性能

带织物一般是指宽度为3～300 mm 的狭条状或管状纺织品。在服用领域，最常见的是棉和丝绸带织物。早在18世纪，这些带织物曾经是室内家具的主要装饰用辅助材料，当时的英国和法国是世界上最大量使用装饰带织物的国家。后来，织带的流行对织带在使用功能上提出了进一步的要求，但由于技术限制，不能像今天的织带那样可以根据需要加宽。因此当人们必须使用这些织带却宽度不够时，就将织带拼起来使用。很快，拼接的做法发展为饰边的流行，无论是室内装饰还是服装配饰，都是如此。饰边的流行一直延续到19世纪和20世纪早期，简单款式的服装由于采用了饰带做装饰而显得更加精美细巧。

带织物的用途非常广泛，品种大体可分为五类：①弹性带，如松紧带、袜带、罗纹带、医用绷带等；②薄型带，如电器绝缘带、打子带、花边、饰带、商标织带等；③重型带，如背包带、裤带、吊具带、安全带、传送带等；④管状套袋，如水龙、涂塑出水带、人造血管和鞋带；⑤其他带织物，如尼龙搭扣带、纽扣带、丝绒带、百叶窗带、刺绣花边带和军需用带等。一般工业或军需、医疗型的织带，针对不同的功能主要强调织带的实用性，特别是在织带的牢度、卫生性方面有较高的要求，特殊用织带还有特殊的要求。而对于装饰用的织带设计来说就不同了，装饰用织带设计对图案精细程度的要求普遍比较高，因为这些织带在使用功能上主要是为了装饰、点缀，加强和丰富主体设计的细部，所以在表现手法上采用锦织、机绣的比较多，像现在采用比较多的商标用织带即属于此类。而对于一些宽度颇窄的织带，人们就灵活地运用材质、肌理来表现。通常采用凸花、色线混织、手工编织、加强花纹与色地的色差等手法。

（一）织带

内衣产品的设计中织带类产品是使用最多的辅助材料，例如，文胸的肩带、下脚线所使用的丈根，内裤的腰口、脚口丈根等，都能依托其弹性回复力来完成内衣的美体效果。丈根又称橡筋，带宽尺寸为 10～12 mm，有较强的弹性。通常用在文胸的上捆边、下捆边及束裤的腰部，具有包边的作用。因其厚实和耐磨的特点，具有一定的支撑作用。带有单双面之分，单面带呈现有光与无光面，双面带呈现双面相同的整理效果。

1．常用原料

（1）根线

① 天然橡根。天然橡根也叫乳胶丝，受天然色素影响，呈灰白或黑色色泽；弹性较强，回缩率较好，较脆、较硬，制品手感粗硬，制成的内衣有紧逼感，易松弛、易断裂，制品回缩率和弹性较难持久，横截面呈圆形，用力拉断，截面光滑。

② 人造橡根。也叫氨纶丝，透明或乳白色，弹力强、回复力好，手感柔软，制成的内衣穿着舒适，柔韧性好，不易断裂，回缩缓慢，弹力持久，横截面呈扁方形，用力拉断、截面有丝状纤维，不光滑。

（2）锦纶

锦纶也叫尼龙，具有回复性好、手感柔软、上色容易的优良特性，但保形性、硬挺性能差，日晒后容易发黄。

① 直身尼龙。直身尼龙包括有光直尼龙、半消光直尼龙两种；有光直尼龙又包括特光直尼龙（光丝）、光直尼龙、直尼龙。

② 弹性尼龙。弹性尼龙包括双股弹性尼龙和单股弹性尼龙两种。

（3）涤纶

涤纶具有强度高、缩水率小，以及织成织物挺括、尺寸稳定、不易变形的优良特性；但吸湿性差，穿着闷热，上色难，易起毛起球。

（4）棉纱

棉纱属于天然纤维，吸湿性能较好；但毛羽较多，在织造过程中飞花多，纱线易断。

（5）麻、丝

属于天然纤维，吸湿性和手感较好。

织带用原料逐渐发展到维纶、丙纶、黏胶纤维、醋酯纤维、塑料等，形成机织、编结、针织三大类工艺技术。

2．分类

（1）按织造工艺分

通常分为梭织带、针织带和编织带，例如，肩带、文胸丈根大部分属于梭织带，三角裤丈根、花边带等大部分属于针织带。

（2）按材质分

通常分为尼龙带、特多龙带、PP（丙纶）带、亚克力带、棉带、涤纶带、金银带、氨纶带、光丝带、人造丝带等。

尼龙和PP织带的区分：①尼龙织带是先织后染，所以割开后纱的颜色会因染色不均而呈现出本来的颜色；而PP织带是先染再织，故不会存在露出纱本色的现象。②尼龙织带较 PP 织带有光泽且柔软。③尼龙织带的价位高于 PP 织带。

特多龙织带较为柔软，且无光泽；亚克力织带由特多龙和棉两种材质构成；棉织带的价位一般较高。

有弹性织带的材质组合一般为氨纶丝 + 尼龙、乳胶丝 + 尼龙和乳胶丝 + 涤纶三种。氨纶丝的回弹性和拉伸性都优于乳胶丝，锦纶的手感优于涤纶。

（3）按组织分

织带按组织可分为平纹、斜纹、缎纹、双层组织、管状组织、多层组织、联合组织（凸条组织、透孔组织、条格组织、蜂巢组织、绉组织、小提花组织）织带。织带，特别是提花织带，与梭织布的工艺相似。但是梭织布的经纱固定，由纬纱表达图案；而织带的纬纱基本是固定的，由经纱表达图案，用的是小机器，每次打版、生产穿纱和调整机器可能都要花很长时间，而且效率不高，但可以制造出种类繁多的产品。织带的主要功能是装饰性，也有功能性的，如流行的手机吊带等。带子织成后，还可以加印各种文字、图案，成本一般比直接把文字图案织出来低。此外，平纹、小波纹、斜纹、安全织带、坑纹、珠纹、提花等 PP 织带按其纱的粗细可分为 900 den、1 200 den、1 600 den；同时织带的厚度也决定其单价和韧度。

（4）按宽度规格分

10 mm、12 mm、15 mm、20 mm、25 mm、30 mm、32 mm、38 mm、50 mm 等。

（5）按特点分

① 松紧带。可分为勾边带、夹丝松紧带、斜纹松紧带、毛巾松紧带、纽门松紧带、拉架松紧带、防滑松紧带、提字提花松紧带等。

② 绳带类。可分为圆橡筋绳、针通绳、PP 绳、低弹绳、腈纶绳、棉绳、麻绳等。

③ 针织带。由于结构特殊，指横向（纬向）松紧，主要用于滚边的针织带。

④ 字母带。可分为丙纶材料带、提字字母带、双边字母带、提字母圆绳等。

⑤ 人字带。可分为透明肩带、纱带、线带等。

⑥ 丝绒带。可分为弹性丝绒带、双面绒带等。

（6）按外观功能分

用于内衣的肩带、丈根形式很多，如塑料透明带、防滑肩带、金属肩带、机织花纹织肩带、印花织带、花芽丈根、丝绒带、亚克力肩带、珠片肩带、点钻肩带、蕾丝肩带、绒面肩带、橡筋、包边筋等，可根据不同需要进行设计和使用。

（7）按织带设备分

① 高速无梭织带机带。属于机织带，可根据用户要求，生产各式弹性与非弹性带类，如鞋带、缎带、胸围带等。并可配合以上各种带类之需要，将机器加装自动送胶、后送装置等附件，还可改装成高速提花织带机。

② 电脑提花织带。通过电脑绘花打版控制系统编织而成的复杂的提花带，如英文字母、中文文字、卡通图案及小型图案等，可方便地得到所需的图样及组织，使其织物品种变化多端，生产效率成倍提高。主要用于装饰带、服装类背带、汽车飞机上的安全带、

背包带，以及一些体育器材、包装工业等所需带类产品。

③ 针织织带。适用于氨纶、化纤长丝、低弹丝、腈纶混纺纱、天然纤维纱等，可编织运动衣等服装装饰带、圆筒型织物及双面螺纹织物、医用弹力绷带、提花长统无跟女袜、绷带、小型包装袋等。

④ 电脑商标带。与电子提花织带机在结构、性能、原理方面基本一致。商标织物与织带织造既有相似之处，又有较大差别：它们都较窄，仅几厘米至几十厘米，相应的经丝（线）根数也较少，仅几十至几百根。

从织物结构来看，商标织物更像普通织物，由小梭子织造或无梭引纬，纬丝每纬独立，一般用提花开口装置织造；而织带织机一般用钩针引纬，纬丝（线）为双纬，织物一边为普通边，另一边为钩针锁边，采用综框和多臂机或综框和提花机装置共同开口进行织造。提综部分为有八种状态的踏盘开口机构。两种织物都以小型图案及文字为主，商标偏重于图案，织带偏重于文字。由于两者结构不同，商标织物可用类似于普通织物的方法进行纹织设计，一般采用纬起花，多色纬，织物背面允许有长浮长，甚至有些纬可以不织入布边；对织带织物来说，一般以多层、经起花为主，特别对背包带类织物背面有较高的要求（一般背面没有文字与图案，正面要求有文字与图案）。

（8）按织带本身的特性分

分为弹性织带与刚性织带（非弹性织带）两类。弹性机织带是以涤纶、锦纶、PTT、T-400、天然橡筋、氨纶、棉纱等，以及金属线、鱼丝线等特种装饰辅料织成的窄幅弹性织物，近几年来发展非常迅速，品种也越来越多，包括肩带、吊带、捆边带、腰带、钢圈带、花边带、丝绒带等。还开发出了可随意改变叉长的三叉织带、绿色环保织带、功能性织带、生物性织带等。市面上常见的品种有子母带（材质包括金银丝线、针织、人造丝、高弹）、人字棉带、平纹棉带、提花织带、印花织带、丝绒带、提花丈根带、空心扁带、包根扁带、鱼丝肩带、花边织带（图5-22～图5-30）。

 图5-22　金银丝线子母带（涤纶/金银线）

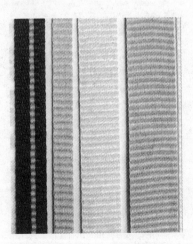 图5-23　平纹棉带

图5-24 丝绒带

图5-25 提花丈根带

图5-26 空心扁带

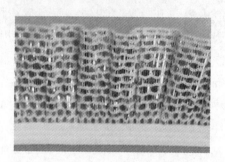

图5-27 花边织带

图5-28 针织子母带（涤纶）

图5-29 人造丝子母带

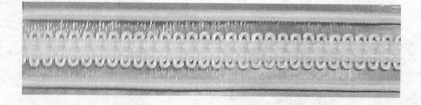

图5-30 鱼丝肩带

（二）松紧带

松紧带是采用弹性材料交织的一种扁平带状织物，质地紧密，表面平挺，手感柔软。松紧带具有较好的弹性，纵向伸长可达原长的1~2倍，带子宽窄有不同规格，一般窄的可用于内衣裤，宽的可用于夹克下摆等。

　　随着新型纺织材料的不断发展与应用，各种材料的松紧带日益增多，比如氨纶带、弹力锦纶带、镂空花边带等作为松紧带已广泛用于女性文胸、装饰内衣等，既有实用功能，又有很强的装饰性。图5-31所示为弹力牙边松紧带。

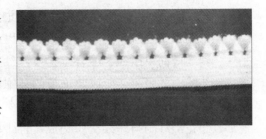

图5-31　弹力牙边松紧带

（三）罗纹带

　　用棉纱与纱包橡胶线交织成弹性带织物，表面呈罗纹状，有较好的弹性，常见的颜色有藏青色、黑色、咖啡色等，宽度一般为6 cm，主要用于内衣下摆、袖口、领口等。

（四）缎带

　　缎带以黏胶丝、缎纹组织编织的带状织物，带面平挺，色泽艳丽，手感柔软，无弹性（图5-32）。缎带的应用十分广泛，常用作女内衣的装饰。其色彩丰富、设计多样、幅宽范围广，可与其他类带灵活搭配。

（五）黏扣带

　　又称尼龙搭扣，由勾面带与圈面带组合而成（图5-33）。由锦纶单丝织成勾面带，经涂胶和定形处理，而圈面带用锦纶复丝成圈，经热定形、涂胶和磨绒等后处理。两者略加轻压，即能黏合在一起，使用方便，别具一格。黏扣带宽度有16 mm、20 mm、25 mm、30 mm、50 mm、100 mm等规格，颜色有漂白、大红、黑色、浅绿、淡黄等色。黏扣带常用于童装、童鞋、滑雪衫、内袋口、活动垫肩等处。

图5-32　缎带

图5-33　黏扣带

三、带状物的组织结构

　　在织物组织设计时，通常机织组织的采用多于针织组织，这是由于机织物的装饰效果高于针织物，而且织物形态稳定性好，质地紧密，具有优美的悬垂性和自然的外观。

装饰用带织物所采用的织物组织多以平纹地配上花经的起花组织，也有直接采用如平纹、斜纹等简单组织，配合工艺及经纱颜色的变化，以体现产品的装饰性。由于受织带机选纬能力的限制，所以装饰带的装饰花纹主要用经纱体现，可以由一组纬纱与两组经纱相交织。经纱分为地经纱和起花经纱，其中地经纱与纬纱交织成平纹，构成装饰带的地部，起花经纱则与纬纱交织构成装饰带的花部。花部主要由不同颜色、不同原料的经纱构成的经浮长组成。素色织物则完全依靠织物组织中经纬浮长线的变化来显示花纹的层次效果。其组织多采用复杂组织，如空心组织、包芯组织、实芯组织、平纹管状组织、1/3 管状组织横截面图、5 枚 2 飞纬面缎管状组织、双层接结组织、表里换层组织 、纵条纹织物、透孔组织、小提花组织等。在实践中，常使用经二重、纬二重、双层组织等，它主要根据花型对比、层次表现的需要进行选择。经线组合的确定：花经一般采用数根丝线的组合，以此来表现花纹凸出、饱满的特点。如花经为 33.3 tex 人造丝时，可采用 33.3 tex ×6 的组合；采用 100 tex 加捻人造丝时，可采用 100 tex ×2 的组合等。

四、女内衣中的带状物运用

绳带被人们赋予了范围极广的装饰作用，历经几千年的流传，依旧在现代服饰文化中起着深远的影响。

（一）带状物在内衣上"形"的运用

除了自然状态下的线形，通过盘、结、编等方法，带状物还可以产生多种造型，具备点与面的特征。如将绳带编织成网，或简单地横向排列，如流苏，它就有了面的特性，给人以强烈的印象。若将绳带进行盘结（如中国结），或在带状的末端加入串珠、金属坠、带环，甚至羽毛，突出的便是点的效果，成为引起关注的中心。

（二）带状物在内衣上色彩的运用

带状物在服装中的运用不仅仅要考虑的是在服装中的局部造型因素，还要充分考虑到色彩的运用。服装设计师让·保罗·高提耶（Jean Paul Gaultier）曾经在一场作品秀中利用绷带装，震惊了时装界。设计师在绳带的运用中，不仅将绳带的特性巧妙的结合到服装中，更利用了绳带的颜色与模特的肤色使得这场绷带秀收到了意想不到的效果。

（三）带状物在内衣上的装饰设计方法

不同时期和不同区域的人们赋予绳带不同的寓意，根据人体的各个部位我们可以自由随意地运用各种不同的装饰手段将绳带较好地运用于内衣设计中。例如，编、结、捆、扎、盘、绕、缠、系、吊、拉、挂、拧、抽、撕破、贴等塑造不同的造型。其中扎结形式可将装饰带随意的扎结，或编织成美丽的绳带，或穿缀搭配上别致的饰物再与内衣进行整体的搭配。或者直接在内衣装饰部位串套交叉形成网状结构，构成面状装饰结构。

此外，可将绳带做成流苏装饰于内衣任何部位。

总之，绳带是内衣设计中实用与装饰的"宠儿"，既古老又清新。绳带自身的变化能够带给服装无穷无尽的变化。设计师在运用绳带的过程中，可以结合其造型性、材料性、色彩性、装饰性，充分发挥它的优势。

（四）带类织物应用实例

织带按用途分为肩带、缎带、松紧带、勾边带、包边带等，根据产品需要，用在不同产品的连接受力或装饰部位（图 5-34 ~ 图 5-37）。

图 5-34 松紧带在内衣中的应用

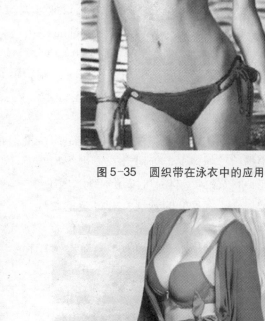

图 5-35 圆织带在泳衣中的应用

图 5-36 缎带在衬裙中的应用

图 5-37 缎带在睡衣中的应用

肩带是只用在文胸肩部，连接罩杯和后比的承重织带。肩带首先要满足产品功能性的需要，再可根据产品的需要进行提花和开衩等设计。例如，"雨中波尔卡"系列使用的两款肩带一种为彩色提花肩带，一种为开衩异形肩带。

松紧带、勾边带、包边带具有较大的弹力和良好的回弹性，一般使用在内裤的腰口、腿围和文胸的底围等部位，也要承受一定的拉力，有无牙边和有牙边之分，牙边松紧带有一定装饰作用。

五、绳状物分类及组织结构

（一）绳状物分类

绳状物材料品种比较多，主要有提花绳、提花嵌条、各类松紧绳带、麻绳、尼龙绳、色纱绳等。

1. 编织绳

编织绳有无芯和有芯两类。常用原料有黏胶丝、涤纶低弹丝、锦纶丝、棉纱等。一般为素色，也可嵌入花色纱线编织花式绳。其质地紧密，手感柔软，外观有交织纹路，常用作各类服装及内衣的紧扣件或装饰绳。

2. 松紧绳

松紧绳，又名丈根，采用锭编织机织制，中间为弹性橡胶丝芯线，外包棉线或黏胶丝，呈圆形，有较好的弹性，常用于运动服、内衣、衬裤等束口。

3. 针通绳

针通绳是由织针把各种原材料先组织绕圈，再经快速串套，连接而成的新型产品形式，根据织针的多少、排列方式，可织出规格不一的圆形、空心或扁形状的产品，1～8 mm 都可以做到。材料可以用棉纱、丙纶纱、涤纶纱、丝光棉、尼龙、人造丝等。针通绳质地松软，有良好的延展性和一定的弹性，一般也可以作为织带、绳带生产用的原材料，常用于包芯，如子母带、编绳的包芯。生产速度比一般圆绳快，生产效率也相对较高，一般经后序加工，如加绳头、染色等工序，多用于中国结吊穗、服装、鞋材等领域。

常用绳如图5-38～图5-47所示。

图5-38 扁带珠绳

图5-39 如意绳（涤纶/金银线）

图 5-40 金线人造丝扭绳

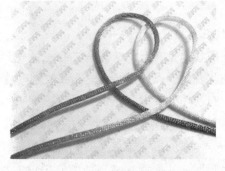

图 5-41 中国结用绳

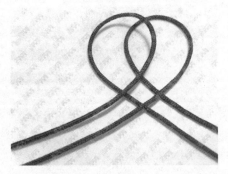

图 5-42 涤纶小绳仔

图 5-43 金线针通

图 5-44 纯棉包芯绳

图 5-45 白色圆绳

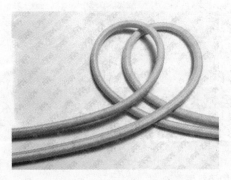

图 5-46 丈根（涤纶＋橡胶）

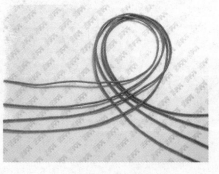

图 5-47 丈根线

（二）绳状物结构

绳状物是在编、结等基本技法的基础上，通过重复、盘绕、组合、交错等变化，形成疏密有致、点线面结合的花纹或富有特色的织纹肌理。

绳状物的基本类型有三股编、四股编、五股编等。这些手编工艺的编法简单明了，最后形成的是较窄的条带。复股编，指股数较多的编绳，有顺编、向心编、离心编等编法。方编由两根一样粗细的线绳编成，绳体呈方形。圆绳由一根绳用套环套编而成，绳体呈圆形（用绳编）或扁平形（用带编）。绳状物由多股纱或纱编结而成，直径较粗，其形态与结构分解如图5-48所示。

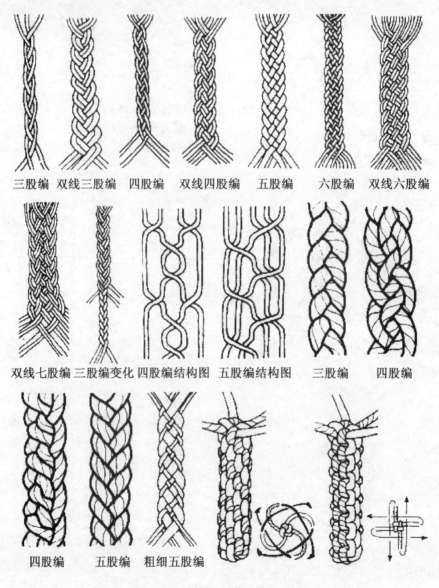

三股编　双线三股编　四股编　双线四股编　五股编　六股编　双线六股编

双线七股编　三股编变化　四股编结构图　五股编结构图　三股编　四股编

四股编　五股编　粗细五股编

图5-48　绳状物结构示意图汇总

六、女内衣中的绳状物运用

绳带的系扣具有浓郁的民族和时代特征，可根据不同的设计体现不同的设计风格。在内衣的设计应用上要注意绳带的安全性、舒适性和操作方便性。传统内衣的肩带没有太多装饰性，只是两根有弹力的尼龙松紧带，将罩杯上方与护翼拉伸片连在一起，穿着时不会因胸罩尺码不准确而向下滑落。一般情况下，肩带的宽度不超过1 cm，颜色与罩杯相同，肩带前面各有一对调节环，用来调节肩带的长度。女性们常常因为在公共场合外露肩带而感到尴尬。活钩的出现，为爱美的女性解决了这一令人尴尬的问题。这样，女人们便可以根据自身不同需要随意连接或摘下，以搭配不同的外衣穿着，使胸罩一款多用，让女人展现不同的风姿。图5-49中，束腰及裤口用同色系缎带作为系结和装饰用途，均体现了精致与性感的设计意图。

图5-49　绳状物在内衣中的应用实例

第三节　其他

一、珠片

珠子与亮片是常见的服装及服饰的缀饰材料。珍珠具有瑰丽的色彩和高雅的气质，可串制成多种造型的珠饰（图5-50）。人造珠饰为圆形或其他形状，中间有孔，色彩较珍

珠更加丰富，价格相对低廉

亮片是用金属或合成树脂、塑料、贝壳等制成的薄片，有圆形、水滴形或其他形状，可采用不同的串联方式形成各种适形图案。硬质亮片还可与柔软的织物形成质感对比和色彩对比，具有绚丽、性感、层次丰富的美（图5-51）。

图5-50　珍珠在内衣上的应用　　　　　　　　图5-51　亮片在内衣上的应用

二、烫钻

烫钻是服装辅料的一种。烫图就是将烫钻拼成的特定图案粘在背胶纸上，用烫机烫压在织物上（包括内衣、T恤、毛衣、牛仔或其他服装及鞋帽、包包）制作完成，也可用烫钻器进行点烫，或者用迷你烫钻熨斗进行简单制作。烫钻按出产地分为韩国烫钻、捷克烫钻、奥地利烫钻、国产烫钻等，按质地分为水晶烫钻、玻璃烫钻、铝制八角烫钻等。

水钻是一种俗称，其主要成分是人造水晶，是将水晶切割成钻石刻面得到的一种饰品辅件。这种材质价格适中，同时视觉效果上又有钻石般的夺目感觉，因此很受人们的欢迎。由于目前全球人造水晶制造地位于莱茵河的南北两岸，所以又叫莱茵石：产于北岸的叫作奥地利施华洛世奇钻，简称奥钻，光泽度很好；南岸的叫捷克钻，光泽不如奥钻。此外，还有中东钻、韩国钻、国产水钻、亚克力钻等。

奥钻的切割面可多达30多面，所以折射率极高，折射出来的光有深邃感，因其硬度强，所以光泽保持持久。此钻是水钻中的佼佼者，因此价格比较昂贵。

捷克钻的切割面一般为十几面，折射效果较好，可折射出很耀眼的光芒，其硬度较强，光泽保持3年左右，仅次于奥钻。

中东钻是一些中东国家为迎合市场、低成本制造的水钻，所以初看、初使用时，与捷克钻区别不大，一旦使用，其光泽保持时间很短，不久便暗淡无光。而其他的玻璃钻和塑料钻，多以表面涂色，用手指轻轻一擦便可看到涂色的痕迹，其价格低廉，多作为低档饰品的辅件。

水钻按颜色分可分为白钻、彩钻（如粉色、红色、蓝色等）；按形状可分为普通钻、异形钻，其中异形钻又可以分为菱形钻（马眼石）、梯形钻、卫星石、无底钻等。烫钻在内衣中的应用如图5-52所示。

图5-52　烫钻内衣　　　　　图5-53　钢钉在内衣上的应用

三、金属钉

钢质、铁质、铝质等材质以小锥片或半球体等形状聚集在织物表面，两者形成刚柔并济的强烈质感冲击，具有野性美感（图5-53）。

四、羽毛

羽毛是禽类表皮细胞衍生的角质化产物，质轻而韧，略有弹性，具防水性。羽毛经加工后制成装饰品等，具有华丽、奇异、亮丽的美感（图5-54）。

五、贝壳与石材

具有纹理和色彩美的贝壳和石材在内衣上的使用，增加了自然美感（图5-55）。

图 5-54 羽毛在内衣上的应用　　　　　图 5-55 贝壳在内衣上的应用

六、替换式装饰

　　将内衣的一些部位制作成可拆卸式的结构，将设计精巧的部件替换上去，以达到装饰效果。替换式设计最常用于文胸的肩带及鸡心部分。此外，用非服用材料制作内衣，类似于概念时装，追求视觉效果的观赏性或内在纪念意义，如琉璃文胸、水晶文胸、玛瑙文胸、珠链内衣（图 5-56）、龙骨内衣（图 5-57）。

图 5-56 珠链内衣　　　　　　　　图 5-57 龙骨内衣

思考与练习

1. 简述针织蕾丝与机织蕾丝的异同点，并举例说明。
2. 简述绳类织物与带类织物的材料及其在内衣中的应用。
3. 简述刺绣的种类及特点。
4. 简述创意女内衣的装饰手法。
5. 试比较内衣装饰材料的应用特点。
6. 熟悉女内衣装饰各材料及装饰手法，可通过实地市场调研，进一步深化对各装饰材料的认识。

第六章

女内衣常用辅料

教学题目：女内衣常用辅料

教学课时：6 学时

教学目的：

　　认识内衣用辅料的作用、分类、特性，学习辅料的选择。

教学内容：

　　1. 衬垫料分类、特性及其选择

　　2. 定形料分类、特性及其选择

　　3. 系扣连接材料分类、特性及其选择

　　4. 其他辅料分类、特性及其选择

教学方式：

　　辅以教学课件的课堂讲授；课堂讨论；认识试验和分析试验；市场调查；文献检索。

辅料对内衣的结构形态、外观、功能、内在品质、保养等都具有重要作用。内衣辅料种类繁多，主要包括夹棉、钢圈、衬垫、捆条、橡筋、定形纱、软纱、肩带、钩扣等。

辅料在内衣上的应用有其独特性：内衣辅料的针对性较强，不同内衣类别使用不同的辅料，其作用也不同；文胸等内衣的辅料占总用料的比例较大；辅料的功能性作用较大；辅料的组合方式复杂；辅料与面料组合的工艺和设备均具有很强的专业性。

第一节　衬垫料

一、罩杯材料

罩杯通常在文胸、泳衣、塑形内衣和睡衣等内衣中使用。具有聚拢胸部组织，调整并固定胸部形态等功能，给予穿着者所需的生理支撑和美感需求。罩杯材料直接影响文胸的形状和功能。罩杯材料应具有牢固性，耐用性，良好的水洗性和耐干洗性，弹性适中，有优美而自然的凸出弧形，柔软舒适，对皮肤无刺激作用。目前，大部分罩杯采用内外层织物之间加入非织造织物、丝绵和海绵的多层材料复合，也有采用经编间隔织物直接制成。

（一）非织造织物或丝绵

非织造织物或丝绵两面贴布后，按纸样裁片车缝成夹棉罩杯。图 6-1 所示为不同的夹棉罩杯结构。夹棉厚度一般为 2~6 mm，具有较强的稳定性，罩杯底部加钢圈，稳定文胸的形状，保证文胸托举乳房的功能性。夹棉杯较薄，透气性好，可制成各种杯形，适合乳房丰满的女性使用。其缺点为：一是罩杯弹性不够，胸部外形轮廓不够优美、挺括；二是罩杯由不同种类的纺织基布组成时，经过多次洗涤后容易分层、发黄。

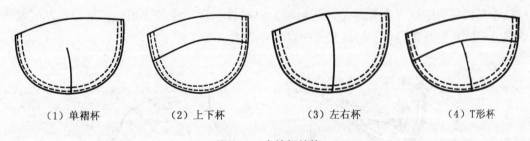

| （1）单褶杯 | （2）上下杯 | （3）左右杯 | （4）T形杯 |

图 6-1　夹棉杯结构

（二）海绵

海绵是一种多孔弹性材料。采用聚酯及聚醚型可切片或卷切，通过复合加工、热压加工和爆破开孔处理等工艺制成。海绵的弹性和塑性好，制作方便，价格较低，已成为大众化的罩杯用衬垫材料。海绵经过高温模具一次性定形成模杯。模杯良好的造型可改善乳房形状，具有塑造圆润胸形的作用，适合乳房偏小的女性。但这种发泡材料的生产首先会造成环境污染，废弃物难以处理；其次，制成的文胸耐洗性、透气性差，体内热量积聚时，会导致大量出汗，舒适性能较差。

海绵按耐黄性可分为耐黄性优异海绵、耐黄性良好海绵、耐黄性一般海绵和耐黄性较差海绵。海绵的测试指标包括厚度、质量、密度、宽度、硬度、外观、面积、体积等。海绵模杯根据结构分为侧比、杯身和后比连成一体的一片围文胸（OPB 款）；侧比与杯身相连而后比单独缝合的两片文胸（TB 款）；侧比、杯身和后比分别缝合的分片文胸（CG 款）（图 6-2）。

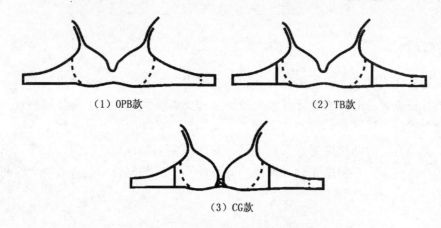

（1）OPB款　　　　　　　　　（2）TB款

（3）CG款

图 6-2　以海绵模杯结构的文胸分类

图 6-3 显示了海绵模杯的常规用材和结构。海绵位于面布和底布之间，可有面部海绵和底部海棉之分。海绵通常是中间厚、边沿薄。为形成符合乳房需要的造型，可在适当位置放置多块面积较小且较薄的手推棉。为提高文胸的一体化水平，OPB 款、TB 款文胸常将钢圈置于面布和底布之间，经过冲压后，固定于模杯内部（图 6-4）。

为了更深入细致地满足消费者的需求，采用一些附加材料，以提高功能性。硅胶颗粒粘贴在模杯边缘或肩带等部位，起到减少模杯或肩带移位的作用；超细纤维制成的皮肤绵置于模杯的乳头部位，提高乳头的触感舒适性。

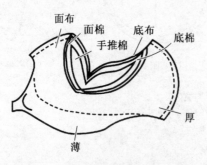

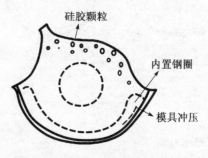

图 6-3　常规模杯的用材和结构　　　　图 6-4　钢圈内置的模杯

海绵模杯定形机根据模具类别分为：

1. OPB模

磨具包括杯身、侧比和后比整个部分（图6-5），可将文胸一次性压制成型。

2. TB模

磨具包括杯身和侧比部分，两个杯身和鸡心部分为一个整体（图6-6）。TB模具可有特殊花纹，压制成的模杯具有相应花纹，主要起到防滑的作用。

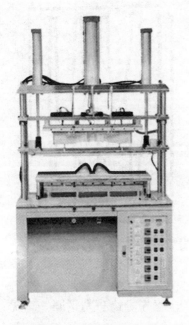
图6-5 OPB模杯定形机

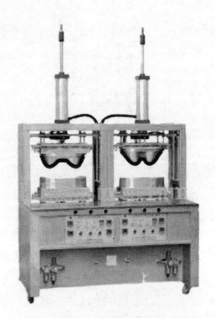
图6-6 TB模杯定形机

3. 子弹模

两个子弹头呈分离状，与之匹配的是中空环形模板（图6-7）。海绵或面料放置在中空环形模板的上面，子弹头下行将海绵或其他面料压出凹形。此海绵模杯定形机常用于CG款文胸模杯的制作。

4. 肩带模

文胸肩带除采用织造的带状材料外，也可采用高温黏压海绵和针织物的方式制成（图6-8）。黏压温度通常在200℃以上。根据需要，采用不同模具可制成不同宽度的肩带。一条肩带不同位置的宽度也可不同，使肩带在承托、防滑等方面的功能得到加强，造型也更加优美。

OPB款文胸的生产流程为：模杯定形→上耳仔布→夹上面布→内胆与底布定位→上钢圈→压上面布→超声波包边。棉杯通常要经过两次定形。首先将面布放到寿司机相应尺码的模头上，对好定位孔，完成定形。第一次定形不可有发黄打皱及钩纱等不良现象。将定形好的面布贴棉，半成品有棉的一面喷上胶水。然后，再按照定位钉定位，放于第二次凹模中，按照模位摆放钢圈，钢圈两顶端放置定形纱以固定钢圈。再次，在侧位放置软纱，之后再放置钢圈棉、手推棉（俗称 P 位棉）。最后，放置底布，进行定形。

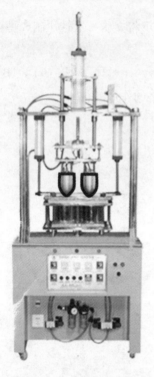

图 6-7　子弹模定形机

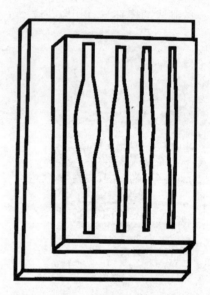

图 6-8　肩带模具

　　TB 款文胸的生产流程包括：套上针位→上面布→胶片定位→粘钢圈→粘棉（钢圈棉）→上底布→冲压定形→对胶片（检查）。

（三）经编间隔织物

　　间隔织物是一种三维立体织物，其结构为三层，包括面层、底层和中间间隔层。面层和底层由间隔层的间隔纱连接。其特点为：①织物之间有充足的间隙，可以保持空气流通和温度控制，具有良好的导湿、透气和温度调节功能；②对原料有广泛的适应性，可制作成柔软、有一定弹性的罩杯；③表面性能好，尺寸稳定，接缝处断裂强度极高，可机洗及烘干，织物不会分层、变形；④采用合理的工艺，无需缝合，可一次模压成型为罩杯状。因此，经编间隔织物既可以作为罩杯衬垫来取代海绵或无纺布衬垫，也可以经简单的缝合或模压成型直接制成罩杯。间隔织物已成为高档文胸的罩杯材料。

　　间隔织物通常以锦纶、涤纶、丙纶、棉等为原料。为满足特定需要，还采用新型纤维。杜邦公司的 Tactel 和 Coolmax 等细旦纤维具有四沟槽异形截面结构和高吸湿性，用作内层织物原料可使文胸手感柔软，吸/排湿作用显著，且洗可穿性能良好。在织物的两面分别织进弹力纤维，可提高间隔织物的模压性。壳牌化学公司的 Corterra 变形纱，原料为 PTT 芳香涤纶，具有弹性和良好的亲肤性，能保证面层织物有模压时所需的延伸性。

　　组织、线圈密度、纱线的细度，间隔层的厚度、间隔纱的垫纱角度和每平方厘米的间隔纱数等间隔织物的结构参数直接影响到织物的性能。间隔纱长 1.5~5.0 mm，面密度为 150~400 g/m² 的间隔织物，用作罩杯时贴身合体，有着优良的热湿服用性能，且质量比常用的衬垫轻。当中间夹层厚度太大时，间隔纱容易倒伏，织物的两侧面位置关系不固定，抗压及回弹性较差。内外两表面织物可以都采用密实的平素结构。这类罩杯用间隔织物可采用 RD-4N 和 RD-6N 型双针床拉舍尔经编机生产。目前欧美较多采用素面间隔织物。也可使用内表面密实，外表面小网孔，或是形成花纹外观。采用配置 EL 型电子梳栉横移机构和 EBC 电子送经装置，则可生产一些具有花纹效应的织物表面，从而提高间隔织物的外观美感。采用配置了 Piezo 贾卡的 RDPJ 4/1 新型双针床经编机可以生产单面或双面的提花间隔织物，直接形成具有美观花纹表面的罩杯。

二、衬垫

为弥补人体体型的不足，满足审美需要，衬垫常在文胸、泳衣、调整内衣、衬裙等上使用。胸垫是一种具有一定外形和厚度的小填充片，常用于文胸（图6-9）。在罩杯中加入衬垫不仅可提高乳房的丰满度，使其立体感强、挺括、丰满、外型美观，而且对乳房有良好的保形作用。衬垫可以固定在文胸中，也可以是活动部件，附着在罩杯凹面的袋状夹层，根据洗涤、形状调整等需要插入或取出。

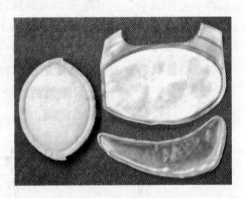

图 6-9 文胸用衬垫

常见的衬垫填充材料包括：

1. 海绵

柔软舒适，定形性较好。

2. 水袋

水袋结构为包覆材料中填充液体。包覆材料为 TPU 膜和 PVC 膜。TPU 膜常用厚度有 0.1 mm、0.11 mm、0.12 mm；PVC 膜常用厚度是 0.15 mm。液体包括矽胶、乳胶、乳液、芳香精油等。水袋形状可根据乳房大小、文胸的内外廓形而进行设计。水袋的特点是弹性好、强度高、耐曲折、耐撕裂、耐低温、耐油水、抗辐射、可自然分解、环保无毒，且轻薄、柔软，触感舒适性好。但水袋的质量较大，容易使罩杯下垂，使穿着者感觉沉重。

3. 气垫

气垫结构为在包覆材料中填充空气。其包覆材料与水袋相似。空气一般由专业的机器填充，也可自充气。气垫的优点为质量轻，但合体性较差。

4. 羽绒、仿羽绒

羽绒类衬垫质量轻，保暖性好，但支撑力较弱。

5. 棉絮

棉絮质量轻，较舒适，但形状保持性较差。

6. 间隔织物

传统的塑料衬垫粗硬，穿着舒适性差；海绵衬垫吸水难干，且耐氯性和耐海水腐蚀性差。间隔织物制成的衬垫手感柔软、适体性好、易干、耐外部腐蚀性，是泳衣衬垫的良好材料。

第二节　定形料

一、钢圈

钢圈可增加罩杯承托能力，保持文胸造型，使文胸与胸部更加贴合，从而固定胸部，塑造胸部完美形态。钢圈位于文胸罩杯下缘，材质有尼龙包胶和不锈钢两种。钢圈的规格以其外形、内径和外长来分（图6-10）。内径是指钢圈的两个端点（心位和侧位）的内沿直径长度（R）。外长指钢圈外沿线的长度（L）。钢圈按外形特征、心位和侧位形态可以分为高胸型钢圈、普通型钢圈、低胸型钢圈、连鸡心钢圈、托胸型钢圈等。软质钢圈宽度较薄，适合胸部较小的女性。硬质钢圈相对较厚，适合胸部丰满的女性。

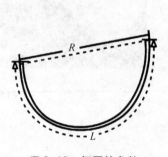

图6-10　钢圈的参数

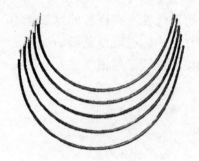

图6-11　高胸型钢圈

（一）高胸型钢圈

高胸型钢圈两个端点（心位和侧位）的高度差为 10~20 mm，外长较长（图6-11）。多用于高鸡心的文胸和全杯形的文胸，可在固定胸部下缘的同时将胸部托起，是托胸类文胸的首选。

（二）普通型钢圈

普通型钢圈两个端点（心位和侧位）的高度差为 25~35 mm，外长界于高胸型钢圈和低胸型钢圈之间，是一种大众化的钢圈（图6-12）。

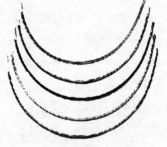

图6-12　普通型钢圈

（三）低胸型钢圈

低胸型钢圈两个端点（心位和侧位）的高度差为 40 ~ 60 mm，外长较短（图 6-13）。用于低鸡心的文胸，是具有推胸效果的文胸的首选钢圈。结合罩杯造型，在固定胸部的同时，将胸部向中间推拢，使胸部显得更加丰满。

（四）连鸡心钢圈

连鸡心钢圈两个端点（心位和侧位）的高度差为 70 ~ 90 mm，侧位较高（图 6-14）。这类钢圈在固定胸部的同时，将腋下多余的脂肪向中间归拢，使胸部更加丰满，是连鸡心文胸的首选钢圈。

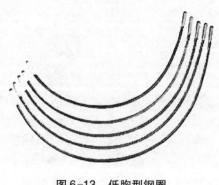

图 6-13　低胸型钢圈　　　　　　　　图 6-14　连鸡心钢圈

（五）托胸型钢圈

托胸型钢圈的两个端点（心位和侧位）的高度差在 10 mm 以内，外长很短，多用于三角文胸，仅起固定胸部和文胸位置的作用（图 6-15）。

钢圈的选用要根据款式的造型来决定钢圈的外形，然后根据文胸的号型来决定钢圈的内径大小。

图 6-15　托胸型钢圈

二、骨类材料

（一）胶骨

胶骨是一种具有一定韧性和强度的细长材料，其宽度小于 6 mm，长度为 30 ~ 120 mm。胶骨主要用于文胸和塑身衣的侧翼（图 6-16）。其作用包括：支撑较宽侧翼，防止面料向中间打褶，以影响舒适和美观；使脂肪位移，身体呈现曲线美感（图 6-17）。

胶骨分为普通胶骨和折叠胶骨。普通胶骨不透明，较厚，无法车缝，依靠面底部织物将胶骨包缝固定。折叠胶骨透明，可直接车缝，质地轻盈，柔韧而有弹性。胶骨原料包括聚酯和聚丙烯。生产时先将原料抽条，再加工裁切而成。

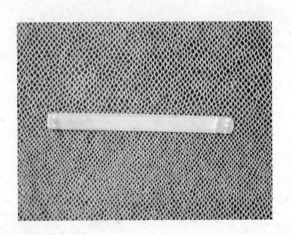

图6-16　胶骨

图6-17　胶骨在内衣上的应用

（二）鱼骨

鱼骨由金属小钢圈穿套而成，其宽度小于8 mm，长度为100～250 mm。比胶骨柔软，韧性较强，具有舒适和适体的特性。在长塑身衣和腰封的破缝和侧缝上使用，起到支撑下缘、固定外形的作用。

三、定形纱与软纱

定形纱为网眼织物，轻薄透明，没有弹性。定形纱一般缝制在面料之内，防止面料伸缩，起固定内衣的某些部位尺寸和形状的作用。结合使用部位，可起到移位人体脂肪的作用。使用部位包括文胸的鸡心，紧身衣的两侧，腰的前后部位，束裤的腹部和两侧等（图6-18）。

软纱也称为网眼织物，轻薄透明，有一定的弹性，多用于单层文胸中。

图6-18　定形纱在文胸上的应用

四、捆条和橡筋

捆条是用来将钢圈固定在罩杯下缘的辅料（图6-19），采用三针机将涤棉布和定形纱进行拼接缝纫而制成。

橡筋又称花牙丈根，宽度为 10～12 mm。由于有橡筋织入，具有较强弹性和回弹性，厚实、耐磨。通常用在文胸上捆边和下捆边、束裤腰部等部位，既用于包边，又起到一定的支撑作用。

图6-19　捆条在文胸上的应用

五、定形料的选择原则

定形料的形状大小要与人体的相应部位形状相匹配，并考虑内衣的造型要求和功能要求。根据内衣的功能要求选择定形料。定形料应与面料配伍：①定形料与面料要厚薄协调，厚面料配以厚的衬垫，面料薄衬垫则薄；②非包覆性定形料的颜色与面料要相配；③定形料洗涤保养方式要和面料一致，避免定形料发生沾色、透气等不良现象，对于缩水率大的定形料，在裁剪之前须经预缩。

第三节　系扣材料

由于内衣种类多样，衣片的连接方式各异，系扣操作不同，且系扣部位常要求强度大、弥合性好、易于操作、具有装饰性等，因此，内衣系扣件在大小、形状、材质等方面的花色繁多，包括肩带扣、钩扣、按扣、皮带扣、拉链、绳带、盘花纽扣、包扣等种类。

一、肩带扣

肩带扣是肩带和文胸连接的部件。根据其发挥的作用可分为三种类型："O"字扣用于连接肩带和罩杯。肩带从其穿过后固定，无法拆卸；"8"字扣用于调节肩带长度；"9"字扣的上部圈环串联肩带并固定，下部弯钩用于与文胸后比布环勾连，使文胸肩带具有可拆卸性（图6-20）。

二、钩扣

钩扣的种类繁多。钩与环是一对固紧件的两个部分（图6-21）。内衣的钩扣用于肩带、后中、前中，起固定、连接的作用。面料材质有尼龙、涤纶、绸布等。钩扣材质有尼龙包胶和不锈钢。背扣件在内衣上是成组使用的,以形成稳定的内衣结构和松紧可调节的系扣结构。成组钩扣的尺寸如图6-22所示。

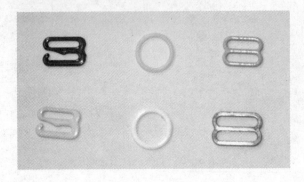

图6-20 肩带扣的类别

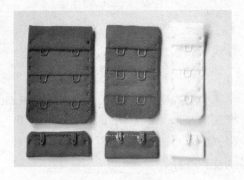

图6-21 成组钩扣

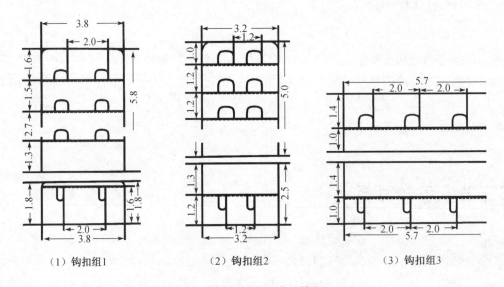

(1)钩扣组1　　　　　(2)钩扣组2　　　　　(3)钩扣组3

图6-22 成组钩扣的尺寸(单位:cm)

三、按扣

按扣由具有凸头的子扣和凹部的母扣组成,是强度较高的紧扣件,容易开启和关闭,且体积小,隐藏性好。按扣分为缝合按扣和冲压按扣。材质包括铜、钢、合金等金属,以及聚酯、塑料等合成材料。成排的按扣具有调节松紧的作用,常用于塑身衣。

四、带扣

带扣的一端为插针和环的组合,另一端为有一组孔洞的带子(图6-23,图6-24)。带扣能形成稳固的系扣,而一组孔洞可调节系扣的松紧程度。皮带扣具有阳刚、力量、古典等气质。带扣的材料多种多样，有真皮革、人造皮革、钢铁、塑料等。

图 6-23　皮带扣在腰封上的应用　　　　图 6-24　钢带扣在腰封上的应用

　　此外，拉链、绳带、尼龙搭扣、纽扣、盘花扣、包扣等也可以应用在内衣上。拉链是可以相互啮合的两条单侧牙链，通过拉头可以重复开合的扣紧件。拉链具有操作方便、封闭严实、缝制工艺简单、风格现代和野性的特点，款式品种多样（图6-25）。

　　绳带既能起固定内衣，调整系扣松紧，又有很好的装饰作用。由于绳带是最古老的系扣材料，不同民族系结方式具有浓郁民族特征（图6-26）。

图 6-25　拉链在内衣上的应用　　　　图 6-26　绳带系扣的民族风格

尼龙搭扣由钩面和圈面组成。两者相向接触并压紧时，圈钩紧扣，从而使服装扣紧，操作十分方便。尼龙搭扣运用在需要操作方便、扣紧面异形、扣紧程度高、弥合性好等情形。

盘花纽扣是中国传统系扣件，其独特的编结技法和吉祥图案应用于内衣，传达出中华民族独特的审美和文化内涵。

五、系扣件的选择原则

（一）内衣的种类与用途

选用系扣件首先应考虑内衣的种类与用途。如文胸的紧扣件体积小、质量轻、可调节，但系扣牢固，因此常选用成组的钩扣。

（二）内衣的造型与款式

系扣件具有一定的辅助造型功能，同时具有较强的装饰性和鲜明的流行性。因此系扣件应与服装造型与款式协调呼应，达到装饰与功能的统一。

（三）内衣的材料特性

系扣件应与内衣材料的厚薄、弹性、结构、色彩等特性配伍。一般厚重的面料用大号的宽大系扣材料，轻薄柔软的面料使用小号的轻巧系扣材料。疏松结构的衣料不宜使用钩扣、尼龙搭扣和拉链等。

（四）使用部位与开启形式

系扣件的选择应考虑安放的位置和服装的开启形式。如系扣件用在后背、后腰等部位时，应注意操作简便。

（五）系扣件的固着方式

系扣件有的可以手工缝合，有的要用机器缝合或铆合。不同的固着方式，工作效率不同——手缝比机缝的成本高。所以，选用时应综合考虑设备条件与成本消耗。

（六）内衣的穿着环境和保养方式

内衣的穿着环境和保养方式往往影响系扣件的选用。如沙滩装等，要注意选用不褪色、不生锈的扣紧材料。

（七）安全性

系扣件在内衣的设计应用上要注意安全性。如靠近领部绳带的设计要避免绕颈，尼龙搭扣的钩面要避免面向皮肤，钩扣要避免直接接触皮肤，等等。

第四节　其他

一、缝纫线

缝纫线是内衣不可缺少的辅料之一。缝纫线的作用包括：①连接衣片和零部件；②提升整体美观。无论是明线还是暗线，都是服装整体风格的组成部分，可以起到一定的装饰、美化作用。缝纫线在内衣上的用量不大，成本也较低，但因缝纫工时较大，缝纫线质量对生产效率影响较大。缝纫线涉及的内衣面积较大，直接影响服装的质量、外观和生产成本。内衣用缝纫线一般要求强力好，弹性高，尺寸稳定性好。

（一）缝纫线分类

1. 棉缝纫线

以棉纤维为原料经练漂、上浆、打蜡等工序制成的缝纫线。强度较高，耐热性好，能承受200℃以上高温，尺寸稳定性好，适于高速缝纫与耐久压烫，缺点是弹性与耐磨性较差，难以抵抗潮湿与细菌的危害。棉缝纫线又可分为无光线（或软线）、丝光线和蜡光线。棉缝线主要用于棉织物及高温熨烫衣物的缝纫。

2. 蚕丝线

用天然蚕丝制成的长丝线或绢丝线有极好的光泽，其强度、弹性和耐磨性能均优于棉线，适于缝制各类丝绸内衣等，是缉明线的理想用线。但其价格较高，现逐步被涤纶线代替。

3. 涤纶缝纫线

是目前主要的缝纫用线，以涤纶长丝或短纤维为原料制成。具有强度高、弹性好、耐磨、缩水率低、化学稳定性好的特点。须注意的是，涤纶缝线熔点低，在高速缝纫时易熔融，堵塞针眼，导致缝线断裂，故不适合过高速度缝合的内衣。

4. 锦纶缝纫线

锦纶缝纫线由纯锦纶复丝制造而成，分为长丝线、短纤维线和弹力变形线三种，目前主要品种是锦纶长丝线。它的优点在于强伸度大、弹性好，其断裂长度高于同规格棉线3倍，因而适合于缝制弹性大的内衣。透明缝纫线品种是锦纶缝纫线的优势，由于此线透明，和色性较好，因此减少和解决了缝纫配线的困难，发展前景广阔。

5. 涤/棉缝纫线

采用65%的涤和35%的棉混纺而成。兼有涤和棉两者的优点，既能保证强度、耐磨、缩水率的要求，又能克服涤不耐热的缺陷，对高速缝纫适应。适用于全棉、涤/棉等各类服装。

6. 包芯缝纫线

以合成纤维长丝为芯线，外包覆天然纤维而制得的缝纫线。其强度取决于芯线，而耐磨与耐热取决于外包纱。因此，包芯缝纫线适合于高速缝纫并需缝迹高强的服装。

（二）缝纫线的选用原则

为使缝纫线具有良好的可缝性，满足内衣穿着和加工的需要，选择缝纫形式应注意以下几个方面：

1. 内衣的种类与用途

选择缝纫线时应考虑内衣的用途、穿着环境和保养方式。如弹力内衣须选用弹力缝纫线。

2. 面料的性能

缝线缩率应与面料一致，以免缝纫物经过洗涤后缝迹不会因缩水而使织物起皱。缝线的色牢度、弹性、耐热性要与面料相适。除装饰线外，应尽量选用相近色，且宜深不宜浅。缝纫线粗细应与面料厚薄风格相适宜。

3. 内衣部位

同一内衣不同部位的缝纫线选择也不同。如包缝需用蓬松的线或变形线；双线线迹应选择延伸性大的线；缲边应选择细支而透明的线；肩部、裆部的缝纫线要坚牢；扣眼线要耐磨；等等。

4. 缝纫线的价格和质量

缝纫线的选择要满足保证缝纫工效和服装质量的要求。在此基础上，缝纫线的质量与价格应与内衣的档次相统一，高档内衣用质量好、价格高的缝纫线，中、低档内衣用质量一般、价格适中的缝纫线。

（三）内衣针织面料缝迹性能研究

内衣针织面料因其自身特性在生产中经常遇到跳针、跳线、缝纫损伤等许多缝迹不良问题，从而降低了内衣的服用性能，影响了产品质量。通过对表 6-1 所示的五种典型内衣针织面料及常用 9.5 tex × 2 涤纶缝线和 7.5 tex × 3 锦纶缝线固有特性的分析，研究了不同生产状态下针织面料的缝迹性能，揭示了影响缝迹性能的主要原因。研究显示，内衣针织面料的弹性对缝迹纵向强力和拉伸性及横向拉伸性能有很大影响。缝迹的弹性应与织物相匹配，缝迹纵向的受力最好由织物承受，而不是由缝迹来承受。五线包缝和

表 6-1　内衣常用织物规格

序号	织物名称	组织	横密（纵行/cm）	纵密（横列/cm）	厚度（mm）
1	纬编棉布	纬平针	14.4	19.4	0.495
2	涤纶双面经编布	双罗纹	19.5	18.6	0.444
3	锦纶经编布	经平绒	9.2	14.6	0.283
4	棉氨纬编布	平纹	21.0	34.8	0.850
5	氨纶经编渔网架	编链衬纬	13.7	10.9	0.460

人字形线迹可使纵向拉伸性能得到显著提高，使用不同线迹对低弹性面料的横向伸性能无明显影响。使用锦纶缝线做五线包缝线迹的底线适用于棉氨高弹性面料，可以较大地改善横向拉伸强力不足等问题。

二、内衣产品使用说明标识

内衣产品使用说明包括：生产厂名、品牌名称、产品名称、产品号型和规格、纤维成分和含量、洗涤说明、执行的标准等内容。其中产品号型和规格、纤维成分和含量、洗涤说明必须采用耐久性标签标识在内衣上。商标是一个企业与其他企业相区别的重要标识，通常也在内衣上标识。其余的内容可采用悬挂吊牌、粘贴标签、包装物印刷、随同产品提供说明书或说明资料等方式标识。耐久性标签一般用棉质带或人造丝缎带制成，并缝制在内衣后领部、内侧缝合部位等。为提高服用舒适性，内衣的商标、产品号型和规格、纤维成分和含量、洗涤说明等也可采用在内衣织物上印花、提花和植绒等方法取代传统的带状材料。选择标志材料时，要考虑其大小、厚薄、色彩、价值等与内衣相配伍。

三、花牌

也称花仔，以缎带、织物或珠饰等材料制成的装饰物，具有精致的造型、优美的色彩和良好的适形性。其中文胸的鸡心部位为典型的布花装饰部位（图6-27）。

图6-27 不同造型的花牌

思考与练习

1. 内衣辅料包括哪些？与成衣相比较具有哪些应用特点？
2. 内衣衬垫料包括哪些？简述其内衣应用类别和特性。
3. 文胸钢圈的分类有哪些？与文胸的关系是什么？
4. 内衣系扣件包括哪些？简述其内衣应用类别和特性。
5. 设计三款内衣，说明辅料的选用及其作用。

第七章

女内衣造型与选材

教学题目： 女内衣造型与选材

教学课时： 4 学时

教学目的：

通过了解基础内衣的造型与选材、运动内衣的造型与选材、保暖内衣的造型与选材、家居服的造型与选材，为内衣的设计奠定基础。

教学内容：

1. 基础内衣的造型与选材
2. 运动内衣的造型与选材
3. 保暖内衣的造型与选材
4. 家居服的造型与选材

教学方式：

辅以教学课件的课堂讲授；课堂讨论；课后查阅女内衣造型与选材的资料使用知识；市场调研。

第一节　基础内衣的造型与选材

　　基础内衣主要利用材料和纸样的结构设计来抬高、支撑和收紧身体。利用脂肪移动的原理，将身体多余的脂肪分别加压、推移至乳房和臀部，修饰出完美的曲线。

　　基础内衣主要包括文胸、内裤、背心等。其中，文胸的材料多样、结构复杂，是需要重点掌握的款式。

一、文胸

　　文胸，俗称胸罩、乳罩，是基础内衣的一种，一般由胸位、肩位和背位三个部分组成。将每个部位仔细分解开来，它共有40余个部件。文胸能起到支撑和衬托乳房的作用，体现出女性所特有的曲线美；同时，有利于乳房的血液循环，保护乳头免受擦伤和碰撞，减轻乳房在运动和奔跑时的震动，是保护乳房、美化乳房的女性物品。

（一）文胸的构成

　　文胸一般由鸡心、侧翼、肩带、罩杯四个主要部位组成（图7-1）。

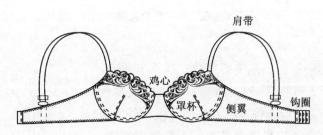

图7-1　文胸各组成部件

1. 鸡心

　　鸡心，或称脊心，是连接两个罩杯的小梯形。鸡心顶端的宽度，通常控制在0.5 cm~1 cm。其作用是拉近两个乳房的距离。

　　鸡心的高度根据款式的变化主要分有下巴鸡心、无下巴鸡心、连鸡心等类型（图7-2，图7-3）。有下巴鸡心通常比无下巴鸡心高1 cm左右。

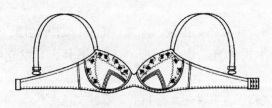

图7-2　有下巴鸡心

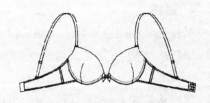

图7-3　连鸡心

款式比较保守的文胸鸡心较高，鸡心顶端的水平线超过了胸围线，此类文胸大多属全罩杯款式；鸡心顶端的水平线低于胸围线，属低鸡心文胸，外露的乳沟比较明显。

2. 侧翼

侧翼，又叫后比，是文胸的后拉片，是将文胸固定在身体上的部分，以拉架弹性面料为主。侧翼前端靠近罩杯约 3 cm 处破开，加有胶骨、定形纱以固定胸部，以免侧翼拉伸时起皱，后中有调节钩扣。

根据后片造型，后中又分为"一"字比与"U"字比（图 7-4）。"一"字比文胸适合身材瘦小和不太丰满的女性；"U"字比适合胸围比较丰满或者较肥胖的女性，"U"字比的受力从后中钩扣位置开始，因此不易将后比肩带位置拉高，导致后比肩膀带位上升变形。

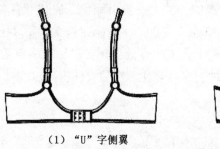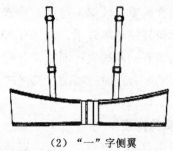

（1）"U"字侧翼　　　　　　　　　（2）"一"字侧翼

图 7-4　后片造型

3. 肩带

肩带是连接文胸罩杯和侧翼的部分，通常有垂直、外斜、内斜三种形态（图 7-5）。垂直肩带能将乳房提起、防止下垂；外斜肩带能将丰满的胸部裸露在外，显得迷人性感，适合穿领口很开的外衣，不易露出肩带；内斜肩带能将外侧的乳房集中，不易外扩，可表现出最丰满的胸部，如交叉肩带就属于内斜肩带。

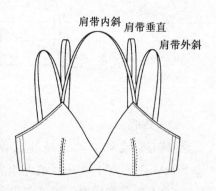

肩带的设计和宽度取决于文胸的设计、目标功能和尺寸。现代的内衣外穿日渐普遍，如文胸肩带裸露在吊带裙外面，因此肩带成为设计变化的重点。在材料选择上有花边肩带、透明肩带、橡皮筋肩带、网纱肩带等。

图 7-5　肩带的三种基本形态

4. 罩杯

罩杯是文胸的主体部位，除了包容乳房，还具备如推胸、隆胸、方便运动等功能。

罩杯从结构上分类，可分为单褶一片式罩杯、上下罩杯、左右罩杯、T 型罩杯（图 7-6）。

罩杯从款式上分类，可以分为全罩杯文胸、3/4 罩杯文胸和 1/2 罩杯文胸。

全罩杯文胸，又称为全包式文胸，可以全面包容乳房，并收拢扩散在乳房周围的赘

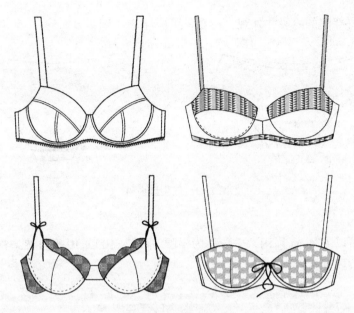

图 7-6 罩杯的结构

肉，适用于乳房扩散型的女性（图 7-7）；适合搭配运动装、休闲装等。

3/4 罩杯文胸，又可称作斜包式文胸，其特点是开骨线呈 V 形，内插棉倒立或斜纹，受立点在肩带上，具有从两边向中间的推力，适合于乳房分得较开的女性，可以使乳房看上去整体丰满（图 7-8）；适合搭配套装、西服等。

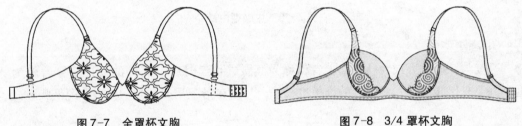

图 7-7 全罩杯文胸　　　　　　　图 7-8 3/4 罩杯文胸

1/2 罩杯文胸，又称半包式文胸，直接承托乳房下半部分，加上肩带垂直向上的提升力，体现乳房的球形感觉。

二、内裤

内裤，一般指贴身的下身内衣，分男装与女装两种。根据性别不同，款式也越来越多。

（一）根据内裤的腰线分类

1. 低腰型

高度在肚脐以下 8 cm 以上称为低腰。此款内裤一般是配合季节与服饰进行搭配设计，较为性感的内裤多为此款。如果是腰粗、脂肪较多的女性，最好不要穿着低腰内裤，以避免造成腰与臀部间的阶段式外观，在夏季更应注意（图7-9）。

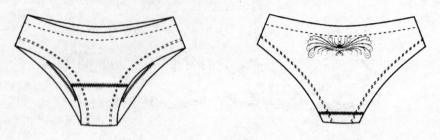

图 7-9　低腰型内裤

2. 中腰型

高度在肚脐以下 8 cm 以内，一般称为中腰（图7-10）。中腰内裤是常见的规格与款式，适合大多数体型穿着。

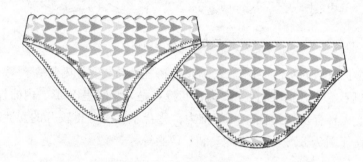

图 7-10　中腰型内裤

3. 高腰型

高度与肚脐平齐或在肚脐以上者，称为高腰（图7-11）。高腰的设计使穿着较为舒适，并兼有保暖效果，对臀形的维护也较好，只是在搭配裙或裤时，不适合配低腰款式。

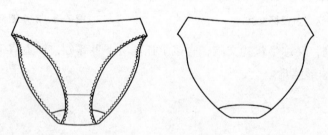

图 7-11　高腰型内裤

4. 比基尼型

比基尼型设计的特点是轻松方便，为了避免有束缚的感觉，因此，在结构设计上减弱了包裹感，但此类内裤容易导致臀部下垂，所以并不适合臀部松弛的体型穿着。

5. 丁字型

通常此型的内裤是视场合而穿着的，比如穿比较贴身的紧身长裤时搭配，可以避免内裤的线条轮廓外露，从而破坏了臀部的整体形态（图7-12）。

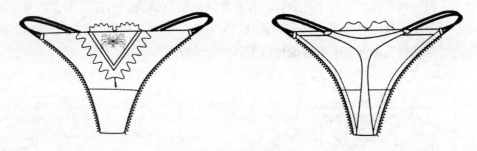

图7-12 丁字型内裤

（二）根据内裤的裤角结构分

内裤从裤角结构上又可以分为三角形、四角形、五角形三类，分别适合不同体型的女性。

1. 高腰三角裤

此款不会在胯部和臀部出现露底的尴尬，适合腰腹无多余脂肪，臀部无赘肉及爱好运动的女性穿着。因蕾丝边缘不会露痕，适合夏季配穿薄裙短裤等款式。

2. 高腰长裤四角裤

这种款式的内裤和传统的束裤相近。此款设计主要是通过其腹部和臀部立体设计，收腹提臀，并令大腿变得紧绷，减少松弛感。搭配长裤时臀部和腿部都会自然无痕。

3. 中腰四角内裤

此款是所有体型都适合的款式。几乎可以配穿所有的裤装和裙子。所要注意的是中腰及低腰设计的裤和裙，避免在活动中令内裤的腰线显露。此款虽然穿后无印、无痕但也没有特别的支撑力，所以想达到提臀效果的女性则要慎选此款内裤。

4. 中腰五角裤

此款内裤设计的重点在于底线的弹性，有防止臀部下垂，提升臀部线条的作用，特别适合臀部曲线下垂及平板的女性。如果希望有特殊收腹效果的女性，可以选择腹部前面有加厚设计的内裤款式。

三、束衣

束衣包括胸围和腰封两个部分，其功能比较完善。有时候，胸围和腰封也会单独存在。全面美化胸、腰、臀三个部位，集胸围、腰封、束裤为一体的连身束衣可以整体修饰三围的曲线。

（一）骨衣

骨衣，又称紧身胸衣。骨衣发源于文艺复兴时期的西班牙。又被称为连身文胸和半身文胸，具有很强的塑形功能，同时兼具收束腹部、腰部，以及调整胸、腰曲线的功能。

通常穿着骨衣可以收腹 60 ~ 130 mm，让人气质更好（图 7-13）。

骨衣中每一根支撑的龙骨全是钢骨，有非常好的塑身效果，可让穿着者的身姿挺拔，保持坐姿。但不适合 V 字领的礼服和后露较多的礼服。一般可内搭在普通服装内，露肩、斜肩，或可以选择肩部漏空的衣服进行搭配（图 7-14）。

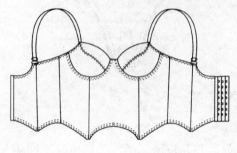

图 7-13 骨衣结构图

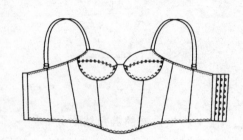

图 7-14 钢骨骨衣

部分骨衣不是采用全钢骨，而是采用较轻的软骨材料，因此多用排扣。此款骨衣穿着比全钢骨衣略为轻松，弯腰比较容易，而且多缀有蕾丝边，设计比较复杂。因此，搭配小西装、露肩衣、宽松一点的吊带裙，或抹胸裙都很适合。骨衣带有蕾丝边的设计，因此不适合紧身的衣裙（图 7-15）。

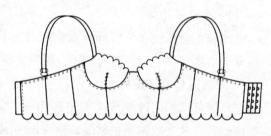

图 7-15 软骨骨衣

（二）腰封

腰封主要用于收紧腰部多余的脂肪，防止或改善水桶腰。腰封通常比较宽，中心线是腰线，然后上下展开，可以把赘肉恢复到原来的位置（图 7-16）。

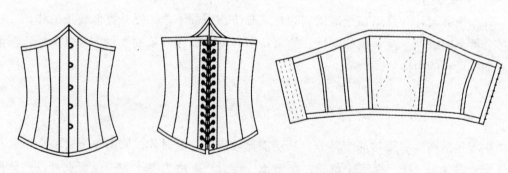

图 7-16 腰封

四、束裤

束裤主要起到调整腰、腹、臀及大腿曲线的功能。束裤具有非常强的弹性，有利于身体曲线的恢复（图7-17）。

夏天穿着的束衣裤最好采用比较薄、透气性能良好的面料。所以，由天丝和棉缝制的束裤是比较理想的。当然，含莱卡的丝质束裤或者棉质束裤也是不错的选择。

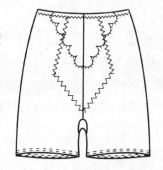

图7-17　束裤

五、基础内衣的选材

（一）棉

棉具有吸汗、透气、保暖性强，且穿着舒适性强等特征；同时，其易于染色和印花的特性决定它适用于制作少女型的内衣。近年，内衣面料的生产中也大量采用棉质和各类纤维混纺。在棉质中加入化学纤维，特别适用于调整型内衣裤，不但具有支撑的效果，而且透气性强，兼具了舒适性和功能性。

棉本身独一无二的透气性和天然性，使其作为内衣的主要面料，穿着感受绝不同于其他面料。此外，从美感来说，平织棉布的印花效果和针织棉布的染色效果，都具有一种天然淳朴和青春气息，也为其他面料所不及。

（二）莫代尔

莫代尔纤维是兰精（Lenzing）公司开发的高湿模量黏胶纤维的纤维素再生纤维，该纤维的原料采用欧洲的榉木，先将其制成木浆，再通过专门的纺丝工艺加工成纤维。该产品原料全部为天然材料，产自欧洲的灌木林，对人体无害，并能够自然分解，对环境无害。制成木质浆液后经过专门的纺丝工艺制作而成，是一种纤维素纤维，所以是一种新型的天然纤维，具有优秀的绿色环保性能。莫代尔纤维纱线能使纺织品显示出天然的美丽，在经过多次水洗后，仍能保持其最初良好的吸湿性和柔顺性。其顺滑的表面性能使其避免出现其他纤维纺织品那样经多次洗涤后容易发硬和变灰的现象。

（三）尼龙

尼龙质料结实，不会变形，大部分文胸肩带以此做材料。常见的以尼龙为主要成分的材料有如下种类：

1. 滑面拉架

滑面拉架的主要成分是尼龙、氨纶，特点是经向弹力强，纬向稍差，回复力好，强度大，强调的是收束性，有强塑型的功能；网眼布增强了塑型衣的透气效果，也增加了朦胧感；一般适用于春夏季产品，如塑裤、连体塑衣、文胸等。

2. 经编布

经编布的主要成分是尼龙，没有弹性，具有丝绸的悬垂性，但没有丝绸易起皱的缺点，并进行了抗电处理，穿着轻盈飘逸。主要适用于春夏季衬裙、文胸的罩杯、三角裤等。

3. 超细纤维

超细纤维重要含量是尼龙、氨纶，由于选用特种尼龙纤维进行织造，此种纤维的单纤细度比一根头发丝细100倍，纤维间细小的空隙构成毛细现象，从而使面料具有良好的吸湿和散湿性，表面细腻，手感柔软，并具有双向弹力，穿着很舒适。主要适用于文胸罩杯、拉架、三角裤等，是当今较为理想的内衣材料。

（四）氨纶

氨纶的伸缩性更强，比橡胶更富有弹性，常用作胸围扣带，以防身体扭动时有束缚太紧的不适感。

（五）特达

特达是杜邦公司研发出来的高科技聚酰胺纤维。它触感柔软，透气性佳，穿着贴身舒适，非常适合用于要求细致柔软的内衣产品。另外，它还有容易清洗、保形性佳的特点。

（六）力莱

力莱纤维被公认为是欧洲最优秀的纤维，是法国和意大利卓越纤维技术的结晶。由于其特殊结构而使它具有非凡的弹性和耐磨性。其回弹性具有紧臀、平腹的作用，且具有良好的吸湿性，可以平衡空气和身体的温度差。力莱纤维不仅可以机洗，而且极易晾干，还可免烫，常用于调整型内衣的设计。

（七）花边

花边一般分为经编花边和刺绣花边，用作面料，可用于产品各部位或作装饰性点缀，由于花边的运用，内衣更增添了神秘感。

（八）定形纱

定形纱的主要含量是锦纶，没有弹性，有固定的作用，本身很轻。一般用于罩杯侧内贴、鸡心内贴等部位。

第二节　运动内衣的造型与选材

运动内衣是一种可以在运动场合穿着的内衣服装，与普通内衣相比，运动内衣更具"防震"效果，而且使穿着者更显青春活力和蓬勃朝气。

运动内衣在设计上强调舒适、简练的运动功能，在罩杯处设计没有特别强调造型设计，因而女性的胸部曲线美也不能充分表现。所以，无论把运动内衣穿在外面，还是穿在里面，都不利于形体的塑造，更不适合与外装搭配。运动内衣需要常常换洗，以免汗渍过久有损质量，不运动时尽量洗净，晾干保存。

一、运动文胸

运动文胸又称为运动型胸罩，是按照"文胸的特定功能"分类下的一个类目。运动文胸主要是为了避免女性乳房在运动健身中受到伤害，起到一定的保护作用。运动文胸的舒适性和罩杯的大小，以及运动中的冲击性有着相互的关系。由于运动中的排汗量和身体所受到的冲击远远高于常态，一般的文胸设计远不能提供运动时应有的保护和舒适性。

（一）运动文胸的类型

1. 压力式固定形运动文胸

压力式固定形文胸是应用最广泛的运动型文胸类型，也是大多数运动文胸采用的类型。这类文胸通常采用针织材料，依靠织物的弹性形成对胸部的压力而达到固定的目的。它的特点在于，剪裁上会充分考虑乳房结构、形状，以及肩部、背部受力等因素，从而在获得相对舒适性的同时，仍然保持良好的固定性。

这类文胸一般会根据肩、背带的不同分为背心型、常规型、中等固定性型等几种类型。中等固定性型，通常适用于 A～C 罩杯的女性进行中等冲击性和底冲击性运动时穿着，而常规型运动文胸的外观与普通文胸相似。背心型运动文胸，在固定性上要比以上两类文胸强。根据材料及结构的不同，基本能适应 A～D 罩杯的女性常规的运动。

2. 简易固定形运动文胸

此类文胸很少以独立形式存在，多数与运动背心，吊带等形式的服装共存。该类文胸多采用一层具有弹性的网状织物固定，结构比较简易，基本不存在针对人体结构而进行的设计。简易固定形运动文胸的固定性较差，适用于低冲击性运动，A、B 罩杯的女性，以及部分中冲击性运动。

3. 复合结构式运动型文胸

此类文胸是固定性最强的款式，除了包括压力式固定形运动文胸含有的结构外，一般还有特殊材料的钢托来更好地承托支撑。除此以外，用于此类文胸的织物强度更大，能更好地为运动中的女性提供中高冲击运动下的良好固定和保护。此类产品比较著名的有美国的"Enell"，以及德国"Anita"旗下"Rastafarian"中的"Active Ware"系列。

（二）运动文胸的款式

1. 上下斜杯运动文胸（图7-18）

此类文胸的罩杯分割线设计有利于防止乳房挤压，穿着舒适。两片破开的下杯收有省量，包容量大，且下杯造型圆滑，穿着合体，并能起到支撑乳房的作用。

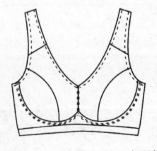

图7-18　上下斜杯运动文胸

2. 连鸡心运动文胸（图7-19）

此类文胸的设计增大了包覆面积，有效稳固乳房，防止其晃动，但塑型能力较弱。

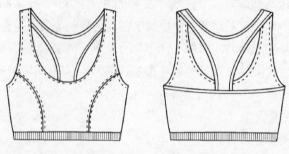

图7-19　连鸡心运动文胸

二、泳衣

泳衣多指游泳时穿着的专用服装，常见的泳衣大致可分为分体式、连体式和裙式三种类型。

（一）分体式泳衣

分体式指上衣和裤装分开的套装，有比基尼式和一般两件式套装。比基尼式泳衣的特点是用料非常少。但比基尼式泳衣是最吸引他人目光的，能充分展示女性的曲线美（图7-20）。

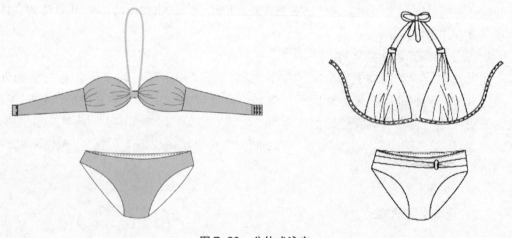

图7-20　分体式泳衣

（二）连体式泳衣

连体式泳衣包括了肩带式和筒式。上身如背心的肩带式泳装非常传统，是多数人选择的款式。其实，肩带式泳衣虽然普通，但通过肩带的变化，款式亦可呈现多样化。另外，深开的胸部和缠绕式样的泳衣，可以令体型更趋完美（图7-21）。

图7-21 连体式泳衣

筒式泳装显得较为别致，它的衣身呈筒状，加上吊带，有的吊带是可以拆下的。这种泳装能降低胸部和臀部的透明度，高裁的底边能使腿显得修长一些（图7-22）。

（三）裙式泳衣

裙式泳衣一般是两件式，包括裙装和底裤；裙装又可以分为连身裙和半截裙两种款式（图7-23）。

裙式泳衣是在传统连体泳衣设计的基础上增加了裙摆的设计，可以修饰腿部线条，同时，对于比较害羞的女性来说也是不错的选择。

图7-22 筒式泳装

三、运动内衣的面料

（一）Coolmax 纤维

人在运动或做其他活动时，人体常常会产生汗水与湿汽，让人体感到寒冷不适或者闷热难受。杜邦公司的高科技纤维——Coolmax 纤维是通过四管道纤维迅速将汗水和湿汽导离皮肤表面，向四面八方分散，让汗水挥发更快。其面料特点有：可以把身体产生的热湿汽导出，调节身体温度，既产生热调节效应，保持凉爽；快干，干燥速度是纯棉的 5 倍；耐久，易护理，

图7-23 裙式泳衣

允许多次洗涤，不缩水、不变形、不霉变；感觉柔软、舒适、透气，不会给皮肤带来不适。

（二）莱卡

质感似橡胶的莱卡（Lycra），是人造弹力纤维，可以自由拉长至原有的 4～7 倍，并在释放外力后，能够迅速回复到原有长度。莱卡本身的特性就是高弹性、舒适、具承托力，使内衣更贴身、不易变形、不易出现折皱等，其细密薄滑的质感和极好的弹性，把"第二皮肤"演绎得淋漓尽致。莱卡可与其他人造或天然纤维交织。含有莱卡的面料具有其主要原料所应有的外观与手感，但莱卡不可能单独使用。

（三）涤纶面料

涤纶面料是日常生活中常用的一种化纤面料。其最大的优点是抗皱性和保形性很好。涤纶织物吸湿性较差，不过洗后极易干燥，且湿强几乎不下降，不变形，有良好的洗可穿性能。涤纶织物具有较高的强度与弹性恢复能力，因此，其坚牢耐用、抗皱免烫。涤纶织物的耐光性较好，除比腈纶差外，其耐晒能力胜过所有天然纤维织物。尤其是在玻璃后面的耐晒能力很好，几乎与腈纶不相上下。涤纶织物耐各种化学品性能良好。酸、碱对其破坏程度都不大，同时不怕霉菌，不怕虫蛀。

涤纶是合纤织物中耐热性最好的面料，具有热塑性，但抗熔性较差，遇烟灰、火星等易形成孔洞。因此，穿着时应尽量避免与烟头、火花等接触（图7-24）。

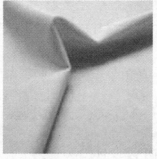

图 7-24　泳衣面料

第三节　保暖内衣的造型与选材

保暖内衣作为冬装大大"减压"的内衣，颇受时尚人群的喜爱。保暖内衣根据款式可分为单件和套装两类，根据面料的厚薄可分为超薄型、薄型、厚型、中厚型、加厚型五大类，根据用途又可以分为美体保暖内衣、休闲保暖内衣、抗寒保暖内衣三种。

一、基础保暖内衣

基础保暖内衣主要具备抗寒功能，从结构上可分为普通型和纤体型；从轮廓上可以分为直身式和紧身式。在女式的保暖内衣设计上多为纤体型和紧身式（图7-25）。

二、功能性保暖内衣

通常，功能性保暖内衣除了具备基础保暖内衣的保暖功能外，还具备美体的效果，因此在面料的选用上也从该方面进行考虑。美体保暖内衣采用优质包芯纱，用进口圆机织造而成。功能性保暖内衣款式采用结构分割设计，打造人体曲线美。柔和、抗菌抑菌、无束缚感、超强弹力等是功能性保暖内衣的主要特征。功能性保暖内衣主要采用的材料有珍珠纤维、牛奶蛋白纤维、芦荟纤维、莫代尔、天丝、竹纤维等（图7-26）。

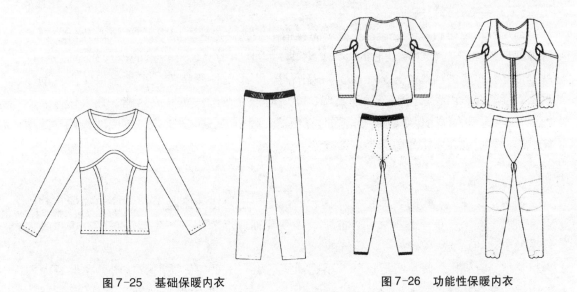

图7-25　基础保暖内衣　　　　　图7-26　功能性保暖内衣

三、保暖内衣的面料

（一）提花棉面料

在保暖内衣上进行提花，在织造提花图案的时候，用不同颜色的高支纱，通过特殊工艺编织。所以提花的造价成本更高，工艺更加复杂，而内衣则更加柔和细腻，光泽度更好，质量和透气性能更好，更显高贵。采用提花工艺的保暖内衣，不仅满足了人们对保暖功能的需求，更满足了对美感的追求。

（二）弹力棉面料

弹力棉内衣，面料上运用了纯天然高支精梳纱加入美国杜邦莱卡丝精纺而成，同时经过加厚处理，使得面料不仅具有弹性更好、强度更高、不起球及保暖性好的特点，还具有更好的透气性、手感柔软细腻、纯天然、伸展性强和色彩炫丽等特点。

（三）羊毛莫代尔纤维

采用特殊的混合技术研发，具备吸湿和保暖性，经过特殊工艺编织而成的保暖面料，并与精选羊毛、兰精莫代尔相结合，使织物不仅外观柔软光滑，而且能保持透气，具有丝般感觉等特性。内层上采用特殊的保暖纤维，经过拉毛结构处理，轻柔，超强的弹性与优秀的保暖性，使得穿着集舒适、保暖、时尚于一身。

（四）桑蚕丝

上等精梳桑蚕丝保暖面料。桑蚕丝属于多孔性纤维，手感柔软而有弹性，精炼脱胶后的练丝，表面平滑均匀，光洁雅致。蚕丝是多孔性蛋白质纤维，具有良好的吸湿、散湿性能和含气、透气性能。

（五）羊毛竹炭纤维

高支纱精梳材料、羊毛和竹炭混纺面料精制而成，并进行加厚处理，保暖性能更好。这种面料的保暖内衣具有羊毛的纤细、轻薄、柔软、滑爽，莫代尔的丝般感觉，透气、悬垂性好，竹炭的远红外、抑菌抗菌、高吸附性、平衡性等特点，还具有保暖内衣的超强保暖性。此款内衣采用混合纺织技术，穿着时能加快湿汽转换成热能，让人体体表温度上升 3 ~ 5 ℃，因而保暖效果好。同时在织造过程中融入特殊工艺，不因洗涤而导致功能减退，更适合在寒冷的冬天穿着。

（六）羽绒

羽绒是长在鹅、鸭的腹部，呈芦花状的绒毛，比棉花的保温性高。且羽绒球状纤维上密布着千万个三角形的小气孔，能随气温变化而收缩膨胀，产生调温功能，可吸收人体散发流动的热气，隔绝外界冷空气的入侵。

羽绒具有轻柔保暖、吸湿透气、手感滑爽的特点。采用优质羽绒材料，在保暖内衣的腹部、背部和膝盖部加入羽绒护体，使得保暖内衣达到双重保暖功效。

第四节　家居服的造型与选材

由睡衣演变而来的家居服扩大了内衣的穿着范围，可以说是青出于蓝而胜于蓝。家居服因家的文化需求而产生，包括传统在卧室穿着的睡衣和浴袍、性感吊带裙，也包括现在可以出得厅堂体面会客的家居装，可以入得厨房的工作装，甚至可以出户到小区散步的休闲装等。

一、睡衣

如果从睡衣的款式来划分的话，睡衣基本上可以分成三种，即吊带式、分体式和连身式。

（一）吊带式裙装

吊带式睡衣多用于夏季。由于夏季季节特点，睡衣的设计既要解决汗湿与散热的问题，又要考虑穿着的美观，于是，吊带式睡衣登场亮相了。

吊带式睡衣的质地主要有真丝、绢丝、棉麻混纺及纯棉几种。由这些材质制成的睡衣，既吸汗又不贴身，给人带来纯天然的舒适感受。

（二）分体式套装

分体式睡衣的最大优点是穿着舒适，行动方便。居家的女性大多数都愿意选择这种款式的睡衣。分体式睡衣的款式主要体现在上衣领型的变化上。小西服领式的上衣是最常见的一种领型，宽松的设计，两个大贴兜充分体现出了实用价值。

西服翻领设计的另一个妙处是将女人的颈部裸露出来，使居家的女人能够将颈部修饰一新。套头分体睡衣也有设计，但相对较少，避免穿着的麻烦。

除了小西翻领的款式，翻领衬衫式的款式也是最常见的。翻领睡衣，增加了颈部修饰的灵活性，位于颈部的扣子可以系上，也可以解开，看似随意，实则独具匠心（图7-27）。

图 7-27 睡衣基本款式

（三）连身式睡袍

在睡衣史上，较早出现并且被人们称之为睡衣的，就是这种连身式睡袍了。连身式睡袍的出现，不仅将人们的衣饰从此做出工作与居家的明确划分，而且也暗含人们生活水平的确是提高了。

二、家居服

家居服从睡衣转化而来，但是现在的家居服早已摆脱纯粹睡衣的概念，涵盖的范围更广。从16世纪欧洲人穿上睡袍以来，睡衣随着时代变化也不停地改变着形象。到20世纪，社会气氛变得宽松和活跃，卧室着装也向着新的款式发展，并发生了根本性的变化。

家居服出于穿着时特有的家居氛围，设计时多采用纯棉面料，也有真丝面料的。无论是纯棉还是真丝，都是因为这两种面料具有特有的亲肤感。因为家的感觉都是轻松、舒适的，因而家居服的款式都是比较宽松、随意的。

常见的家居服分为裙装和裤装。裙装多是吊带裙，有连身的，也有分身的，还有半袖的连身直筒裙，款式多种多样。裤装的上身多为各种形式的短袖或长袖套头衫，下身配以短裤、九分裤、宽脚裤等款式。在设计上，采用蕾丝、打褶、镶嵌小蝴蝶结等装饰手段，给人一种悠闲、随意、温馨的感觉。

家居服的色彩运用大体上是两个色调：一种是深色调；另一种是浅色调。深色调常用深红、灰、蓝色，浅色调家居服以白色、浅粉色为主（图7-28）。

图7-28　家居服效果图

三、家居服面料选用

（一）纯棉面料

纯棉指100%棉纤维。纯棉织物经多方面查验和实践，与肌肤接触无任何刺激。

1. 40^{s}双面针织棉

100%精梳棉，表面和底面的织法一样，比普通针织布柔滑、吸汗，富有弹性，坚牢、耐磨，花型美观，色泽鲜艳，缩水率小，易洗快干。

2. 单面针织卫衣布

表面采用平纹织法，底面组织像鱼鳞片一样呈环绕状，可以很好地与运动后的皮肤接触，吸走汗水，减少闷湿感，透气性好，适合秋冬季喜爱运动的人士，穿着柔软舒适，保暖性、染色性能好，色泽鲜艳，耐碱、耐洗、耐热。

3. 法国针织罗纹

纹理清晰，质感轻柔，温和而中性，兼具良好保暖性能。

（二）Modal 纤维面料

Modal 纤维的特点是将天然纤维的豪华质感与合成纤维的实用性合二为一。具有棉的柔软、丝的光泽，麻的滑爽，而且其吸水、透气性能都优于棉，具有较高的上染率，织物颜色明亮而饱满。Modal 纤维可与多种纤维混纺、交织，如棉、麻、丝等，以提升这些面料的品质，使面料能保持柔软、滑爽，发挥各自纤维的特点，达到更佳的效果。

棉织物经过 20 多次洗涤后，手感会越来越硬，而 Modal 纤维面料，经过多次水洗后，依然保持原有的光滑及柔顺手感。

（三）贡缎面料

贡缎面料用缎纹组织织制而成，质地柔软，表面平滑，弹性良好，透气性能佳，曾作为"贡品"而得名。此面料的主要特点是质地柔软细腻，表面光滑匀整，富有光泽，看上去像绸缎，但更舒适，手感更软。

（四）绒类

1. 剪绒

色彩鲜艳、质地柔软、悬垂挺括、滑爽舒适，柔和的珍珠光泽倍显高贵，是经典的秋冬面料，有很高的市场认可度。

2. 珊瑚绒

由于纤维间密度较高，呈珊瑚状，覆盖性好，犹如活珊瑚般轻软体态，色彩斑斓，故称为珊瑚绒。珊瑚绒单丝纤维细，弯曲程度小，具有杰出的柔软性。纤维有较大的蓬松效果，因而具有良好的保暖效应和透气性。吸水性能出色，是全棉产品的 3 倍。手感细腻，不掉毛、不起球、不掉色。对皮肤无任何刺激，不过敏。外形美观，色泽艳丽雅致。

提花珊瑚绒采用复杂的提花工艺，花型具有立体感，色彩鲜明，手感顺滑，时尚个性，主要用于睡袍、婴儿制品、童装、服装内里、鞋帽、玩具、车内饰品、工艺制品、家居饰品等方面。

3. 钻石绒

面料质地柔软而富有弹性，手感细腻滑爽，光泽感如钻石般闪烁，耐磨强度高，保暖性好，不易起皱，风格新颖别致，是理想的高档家居服装面料。

4. 灯芯绒

即割纬起绒，表面形成纵向绒条的棉织物。因绒条像一根根灯草芯，所以称为灯芯绒。其质地厚实，耐磨耐用，保暖性好。

5. 超柔绒

具有无可比拟的顺滑手感，天然质地，高光泽度，轻柔细软，是家居服面料的上乘佳品，可以做成不同工艺效果，是新推出的特色冬季面料。

思考与练习

1. 基础内衣的主要种类有哪些？在材料的选择上有什么特点？
2. 试画出文胸的构成平面图，并简述文胸各组成部件的作用。
3. 运动文胸有哪几种类型？选材上与普通文胸有什么不同？
4. 选择 2～3 种面料进行家居服设计，要求画出一系列不少于三款的效果图，并附 200 字左右的设计说明。

第八章

女内衣的选购与保养

教学题目： 内衣及其材料的选购与保养

教学课时： 2 学时

教学目的：

　　了解女内衣的选购需求，掌握内衣的洗涤、晾晒和存放方法。

教学内容：

　　1. 内衣的选购

　　2. 内衣的保养

教学方式：

　　辅以教学课件的课堂讲授；课堂讨论；市场调研。

内衣的种类繁多，在选购内衣时，要充分考虑，选择适合自身体型和穿着场合的内衣。合适的内衣能帮助穿着者增加信心，美化外部造型。另外，在内衣的保存上也应该引起重视，内衣使用时期不要过长，最好不超过一年，内衣使用时间越长，弹性越低，起不到保护和美化身体的功能，反而会破坏原有体型。

第一节 内衣的使用说明

一、内衣的纤维含量标识

纤维含量的表示范围包括国内生产销售的纺织品和服装、出口国外的纺织品和服装，以及国外进口的纺织品和服装。《消费品使用说明 第4部分：纺织品和服装使用说明》（GB 5296.4—2012）规定了纺织品和服装的使用说明的基本原则、标注内容和标注要求。我国出口国外的纺织品和服装应根据进口国的要求进行标注。内衣的纤维含量标识依照以上规定执行。

内衣上的纤维标识常采用缩写。内衣常用纤维的缩写见表8-1。

表8-1 内衣常用纤维及其标识缩写

纤维名称	缩写	纤维名称	缩写
棉纤维	C	醋酯纤维	CA
丝纤维	S	涤纶纤维	T（或P）
毛纤维	W	锦纶	PA
黏胶纤维	R	氨纶	PU

纤维含量的标注包括：

① 由同一种纤维原料制成的纺织品和服装，其产品纤维含量标注为"100%"或"纯"时，应符合相应的国家标准或行业标准的规定。

② 由两种或两种以上的纤维原料制成的纺织品和服装，一般情况下，可按纤维含量的多少以递减的顺序，列出每种纤维的商品名称，并在其前面列出该纤维占产品总体含量的百分率。如果纤维含量不足5%，可不提及或集中标明为其他纤维。

③ 由底组织和绒毛组织组成的纺织品和服装，应分别标明产品中每种纤维的含量或分别标明绒毛和基布中每种纤维的含量。

④ 有里料的服装，应分别标明面料和里料的纤维含量。

⑤ 有填充物的纺织品和服装，应标明填充物的种类和含量，羽绒填充物应标明含绒量和充绒量。

⑥ 由两种或两种以上不同质地的面料构成的纺织品和服装，应分别标明每部分面料

的纤维名称和含量。

二、内衣的使用信息标识

同其他产品一样，内衣的使用说明是生产企业给出的产品规格、性能、使用方法、护理方法，以指导消费者科学合理地选购、使用和护理内衣。其内容包括生产厂的名称、品牌名称、产品名称、产品号型和规格、纤维成分和含量、洗涤说明、执行标准等。

内衣产品使用信息标识包括以下内容：

1. 缝合标签

号型、规格、纤维成分、纤维含量、洗涤说明等内容，按国家标准规定，须能长期保留在内衣上。保暖内衣等一般将其印制或织造在条状标签上，在内衣内侧缝合处固定（图8-1）。长期穿用和洗涤保养后，依然能保存在内衣上。

2. 印制标签

文胸和内裤等因紧贴人体，缝合标签容易引起刺痒而不舒适，并影响外形。因此，将号型、规格、纤维成分、纤维含量、洗涤说明等内容印制在文胸后比、内裤腰部等部位（图8-1）。长期穿用和洗涤保养后，信息依然保存在内衣上。

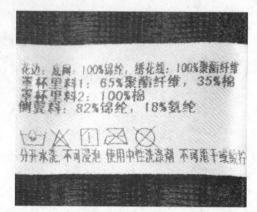

图8-1 文胸上的缝合标签

3. 吊牌和粘贴标签

品牌名称、产品名称、制造商名称、价格等信息印制在塑料或纸质卡片上，一般悬挂于内衣的领口内侧、袖口或底部，如文胸上的吊牌（图8-2）；或者印制在粘贴标签上，贴于小件内衣上，如背心上不干胶标贴。穿用时先将吊牌剪掉，或将粘贴标签揭掉。

4. 包装内外说明材料

将产品特点、品牌代言形象、制造商信息、货号、条形码等信息印制成说明书或说明材料，

图8-2 文胸上的吊牌

放在包装内，或直接在包装材料外壳上印制。这类材料的放置位置与内衣完全分离。

三、内衣的洗涤保养标识

内衣的洗涤保养方式常用文字或图形符号表示。常用的洗涤保养标识分为国际标识与国内标识两种，两者略有不同。表8-2列举了我国常用内衣洗涤保养标识符号。

表 8-2 我国常用内衣洗涤保养标识

水洗（数字表示水温）	小心水洗（数字表示水温）	只能手洗，勿用洗衣机
不可机洗	不可水洗	干洗
小心干洗	不可干洗	可使用含氯漂剂
不可使用含氯漂剂	不可拧绞	可转笼翻转干燥
不可转笼翻转干燥	可以晾晒	洗涤后滴干
洗涤后铺平晾晒	洗后阴干不得晾晒	可高温熨烫
可中温熨烫	可低温熨烫	可垫布熨烫
可蒸汽熨烫	切勿熨烫	—

第二节　女内衣的选购

合身且舒适的内衣是健康与身体姿态美的保证，要根据自身不同的需求来选择适合自己的内衣，主要从功能需求、舒适需求、耐用需求和文化需求这几个方面考虑。

一、功能需求

现代女性内衣的设计主要以功能为主，根据功能需求的不同可划分为：塑形性内衣、装饰性内衣和实用性内衣。不同功能的内衣在材料、设计和制作上都会有很大的差异。

（一）塑形内衣

塑形内衣又叫矫形内衣。因人体脂肪具有一定的流向性，如果内衣没有选好，会导致脂肪外溢。塑形内衣就是用来控制脂肪的流向，并有支撑和收紧作用，用以调整身体的不足之处，使体型更加完美。塑形内衣主要包括文胸、束裤、束腰、束身衣等。

文胸用来保护和固定胸部，每个人的体型不一样，应根据不同的需求选择。对于胸部扁平、扩散、外溢的女性，选用集中型的文胸，也就是 3/4 罩杯的文胸，能使胸部集中。对于胸部娇小的女性，可以尝试有衬垫的模杯围或夹棉围，特别是在杯罩侧下面有弧线厚衬垫的文胸，向上推托胸部，使之丰满圆润。3/4 杯的文胸也较合适，它能够斜向上牵制胸部。特别是有钢圈的文胸，因有较强的固型性，故能使女性扁平的胸部集中和收拢，显现丰满、立体的胸围。对于胸部丰满者，文胸最好选深罩杯和 3/4 杯、全罩杯，宽肩带，加抬托，加钢丝托，有利于丰胸的造型。胸部下垂的女性一般年纪较大，或是生育后体型恢复较差，形成胸部下垂。如果这一类女性体型较消瘦，可用带衬垫和钢圈的 3/4 杯文胸。在托起胸部的同时，用衬垫推挤胸部，使之略显丰满。如果是体型较丰满，特别是胸部丰满而下垂的女性就不适合 1/2 或 3/4 杯的文胸。因为过小的杯罩无法容纳丰满的胸部，会使胸部的肌肉向腋下两侧分散。应该选用带钢圈、全杯罩的文胸，用全杯罩的文胸可完全包裹和向上牵制胸部，尽量改变胸部下垂的状况。

束裤是以收腹、提臀维持臀部优美曲线为目的的，臀部的形态是是设计内裤的依据，根据臀部的侧面将臀部分为扁平型、浑圆型、后翘型和下垂型。对于扁平型的人可选用衬垫或衬布束裤，在所需的位置增加立体感，这些衬垫可以拆洗。浑圆型可选用长型束裤对腰臀部加以修饰。后翘型应选用硬型的束裤来制约臀部的肌肉。臀部下垂型会带动大腿肌肉下垂。U 型束裤就是针对这种类型设计的。

（二）装饰内衣

装饰内衣是指在舒适的基础上以美化和装饰为目的，起辅助作用。此类型内衣包括背心、衬裙、晚装内衣、吊带裙等。此种内衣可以掩饰身体的不足或增加视觉效果，如衬裙可以掩饰小腹凸起、臀部过大或过小等。装饰内衣可美化太露、太透的服装，使人体曲线处于似露非露的朦胧状态，显得更加美丽。

（三）保暖内衣

保暖内衣具有保暖和保护身体的作用。市场上保暖内衣使用的面料有 14.5 tex 全棉、18 tex 全棉、涤/棉（棉含量为 30%~40%）、纯化纤等。其中以内外表层均使用 14.5 tex 以上全棉产品为优，其柔软性、细洁度、透气性、光泽度均较好，而且洗涤后不会起毛起球，长期穿着也不会有衣物断丝、抽丝的现象。选择保暖内衣还可以依据我国实施的针织保暖内衣新的纺织行业标准，标准要求保暖内衣的保暖率不得低于 30%。

二、舒适需求

内衣穿着时要充分考虑到内衣的合体性、舒适性及色彩搭配，防止出现赘肉、肩带脱落等令人尴尬的现象发生。尤其是在夏天时，外衣面料透明、单薄，要注意内外衣色彩搭配是否协调，避免产生冲突。运动和健身时要选择运动内衣，会对胸部起到一定的保护作用。在内衣的材料中，针织内衣以其手感柔软、弹性佳、透气吸湿性强、穿着舒适轻便等特性，倍受人们的青睐，它具备通透性、吸湿性、柔软性、尺寸稳定性等多方面的功能。

优质保暖内衣在中间保温层使用超细纤维织造，成衣既柔软舒适又有良好的保暖性能，用手揉捏时，手感柔顺且无异物感。中间体的梳理、复合工艺也较先进，成衣表层和中间体的一体感强，穿着性能也更好。新一代保暖内衣正向保健、抗菌等多功能方向发展，更加注重开发符合人体曲线和当代审美观念的新产品，其中一大突破就是使保暖内衣具有优良的回弹性。

三、耐用需求

面料好的内衣，使用寿命长。内衣是与人体皮肤直接接触的服装，与健康有很大的关系，最好选择天然纤维制品，其中以棉制品较为合适。它的吸湿性和保暖性良好，价格也适中。合成纤维的制品，如锦纶内裤、涤纶衬衫等的吸湿性差，不利于人体汗液的吸收和散发，难以调节皮肤和内衣之间的微气候环境，因此贴身穿着时往往有闷热感觉。而且合成纤维内衣还能引起皮肤损伤。尼龙的危害来自残留的单体——己内酰胺，它可引起皮肤干燥、粗糙、增厚，甚至发生皲裂、皮炎等。另外，它对皮肤有抗原性，从而引起过敏反应。而羊毛内衣对皮肤的损伤占 17%。因此，羊毛的保暖性虽好，但不是内衣的理想材料。在天然纤维的内衣中，棉制品损伤皮肤的仅占 2%；号称"人的第二皮肤"的丝绸最好，对皮肤的损伤几乎为零。

四、文化需求

由于人的地域、肤色的差异，在内衣上有着不同的审美观。例如，我国南北文化和习俗差异自古以来就有，对于内衣的消费习惯明显有着不同的理解。北方的人偏爱暖色调的，特别是东北地区对于暖色调的内衣需求量很明显，一般女款红色内衣的销售量最大，其次是枣红色和橙色，白色女款内衣在北方则不太受欢迎。而南方人喜欢素雅，内衣也有同样的审美观，南方人在冬天喜欢杏色，其次是黑色、粉红色、白色、黄色，大红色是不太受欢迎的；在炎热的夏天，南方人更喜欢白色和杏色。

对于内衣的尺码，北方人体型偏大，保暖内衣的号型一般为 L~XXXL 码，文胸以 36~38 为主，以 B、C 杯为主。而南方人对保暖内衣的需求较小，多以纯棉为主，尺码一般为 S~L 码，文胸是 32 和 34，以 A、B 杯为主，光面和薄杯更受欢迎。这种地域差异形成了消费者对内衣丰富多样的设计需求。

第三节　女内衣的保养

内衣保养关系到内衣的使用寿命，因此，了解内衣的洗涤、晾晒和存放的知识对消费者十分重要。内衣是最接近人体的衣物，首先要注意清洁，不洁净的内衣会影响面料的透气、吸湿和柔软性，从而造成对面料的损坏。生产企业提供的产品规格、原料、洗涤说明、保养方法，可以指导消费者科学合理地选购、使用和护理内衣产品。

一、女内衣的洗涤

女内衣的清洁是保养的必要工作，其洗涤方式一般为水洗。水洗是以水为载体，加以一定的洗涤剂及作用力，去除服装上污垢的过程，它能去除服装上的水溶性污垢，简便、快捷、经济。但由于水会使一些服装材料膨胀，加上去污时作用力较大等因素，易导致女内衣变形、缩水、毡化、褪色或沾色等问题。因此，在水洗前应对女内衣进行甄别，并选择合适的洗涤条件及洗涤方式，尤其注意洗涤方式、洗涤温度、洗涤剂、晾晒方式等标识（表8-2）。

（一）洗涤要点

第一，洗涤前检查是否有脱线，扣好背扣和肩带，以免洗涤中钩破面料。

第二，洗剂不可直接沾于衣服，应先溶于水后再将内衣放入，等中性洗涤剂完全溶解于 30~40 ℃的温水时才能放入内衣。注意，不能用热水，因为热水会使内衣的弹性减弱。

第三，尽量用手洗，少用洗衣机和甩干机，文胸的肩带或其他部分容易被拉扯变形，内衣上的蕾丝也容易被破坏，钢圈也会被绞变形。

第四，轻轻揉洗后迅速晾干。

第五，有绣花图案的文胸，清洗前加点盐，以防绣线变色。

（二）洗涤剂选择

洗涤剂的选择与女内衣材料的耐酸碱性有关。纤维素纤维较耐碱而不耐酸，因此，洗涤时应选择弱碱性或中性洗涤剂。蛋白质纤维较耐酸而不耐碱，洗涤时应选择弱酸性或中性洗涤剂，最好选择中性洗涤剂，如丝毛女内衣最好选择丝毛专用洗涤剂。合成纤维中涤纶耐酸，但不耐浓碱高温处理；锦纶较耐碱而不耐酸，腈纶耐弱酸弱碱；氨纶耐酸碱性较好，但氯化物和强碱会造成纤维损伤。因此，它们宜选用碱性弱的皂液或高级洗衣粉进行洗涤，也可用中性洗涤剂。

（三）洗涤步骤

洗涤步骤如图8-3所示。

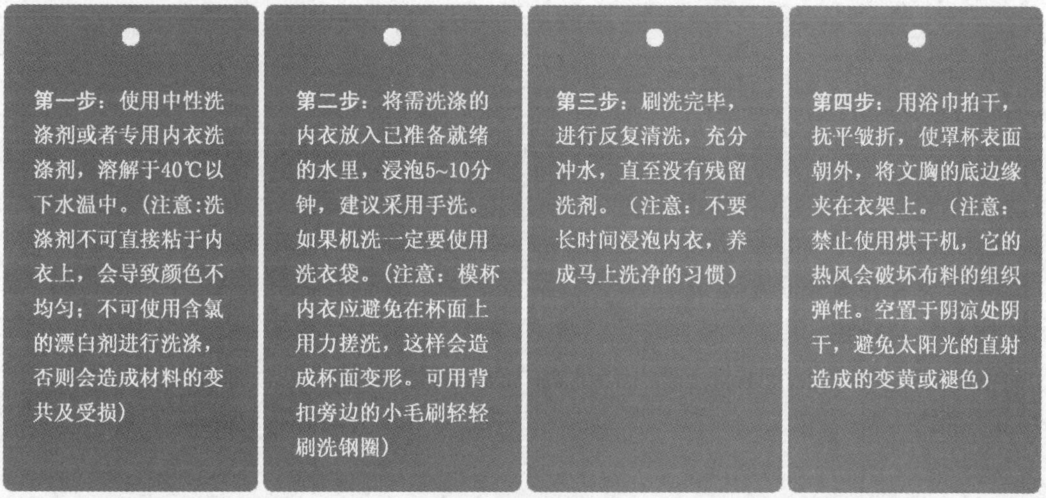

第一步：使用中性洗涤剂或者专用内衣洗涤剂，溶解于40℃以下水温中。（注意：洗涤剂不可直接粘于内衣上，会导致颜色不均匀；不可使用含氯的漂白剂进行洗涤，否则会造成材料的变共及受损）

第二步：将需洗涤的内衣放入已准备就绪的水里，浸泡5~10分钟，建议采用手洗。如果机洗一定要使用洗衣袋。（注意：模杯内衣应避免在杯面上用力搓洗，这样会造成杯面变形。可用背扣旁边的小毛刷轻轻刷洗钢圈）

第三步：刷洗完毕，进行反复清洗，充分冲水，直至没有残留洗剂。（注意：不要长时间浸泡内衣，养成马上洗净的习惯）

第四步：用浴巾拍干，抚平皱折，使罩杯表面朝外，将文胸的底边缘夹在衣架上。（注意：禁止使用烘干机，它的热风会破坏布料的组织弹性。空置于阴凉处阴干，避免太阳光的直射造成的变黄或褪色）

图8-3　洗涤步骤

（四）洗涤方法

1. 机洗

必须配合洗衣网洗涤。由于一般内衣均采用较柔软及纤巧的质料，故洗衣时按照标签指示，放入洗衣网内洗涤。但必须注意，放入网内的内衣，须以洗衣网的一半为限，并分开用两个洗衣网，目的是把附有金属或软圈的衣物与没有软圈的衣物分开放入，以免损坏其他的衣物。如遇钢圈变形的情形，小心谨慎地用手搓回原来形状，切勿强行扳回，让其慢慢恢复原状。

2. 手洗

需在短时间内洗涤，以轻按的手法最理想。清洗时应先将洗涤剂彻底溶解后再将内衣放入；浅色和深色内衣应分开洗，以免浅色内衣沾染颜色；内衣、外衣需分开洗，避免内衣被挤压变形；肩带的清洗不宜过猛，以防细小的肩带变形。注意，特别脏处不要用刷子刷，利用内衣自身互相摩擦，即可完全去除污渍。

（五）洗涤温度

温度高可加速物质内分子的热运动，提高反应速度。温度对去污作用是有相当影响力的。随着洗液温度的升高，洗涤剂溶解加快，渗透力增强，促进了对污垢的进攻作用，也使水分子运动加快，局部流动加强，并使固体脂肪类污垢容易溶解成液体脂肪，便于去除。因此，在不损伤女内衣的前提下，尽可能地在其能承受的温度上限进行洗涤。表8-3为不同材料女内衣的适宜洗涤水温。

表8-3　女内衣的洗涤水温

种　类		洗涤温度（℃）	投漂温度（℃）
棉、麻	白色、浅色	50~60	40~50
	印花、深色	40~50	40或微温
丝	素色、印花、交织	35	微温
	绣花、改染	冷水	冷水
化纤	各类织物	30	冷水

（六）常见内衣去渍方法

1. 口红或粉底

用酒精或挥发性溶剂去除，再用温度适中的洗剂稀液清洗。

2. 血渍

将牙刷沾上洗剂稀液刷洗。

3. 汗渍

用米汤水浸泡，稍微搓洗后冲净。

4. 酒

以冷水浸泡后用温肥皂水洗净。

5. 果汁

将面粉撒于污渍上，以清水搓洗。

二、女内衣的晾晒

女内衣的晾晒步骤如下：

第一，清洗后，可用干毛巾包裹，用手挤压，让毛巾吸干水分，然后将内衣拉平至原状。如为文胸，要将罩杯形状整理好。洗衣机甩干时间应在30 s以内，以防过分甩干使内衣变形，破坏质料，千万避免用手强扭内衣。

第二，阴凉通风的地方晾干，避免暴晒。太阳的直射会使内衣的颜色褪色或变黄，面料的性能也会弱化。

第三，湿的文胸要在杯与杯的中间点挂起来，或用夹子夹住没有弹性的地方，切忌将肩带挂上，因为水分的质量会将肩带拉长（图8-4）。

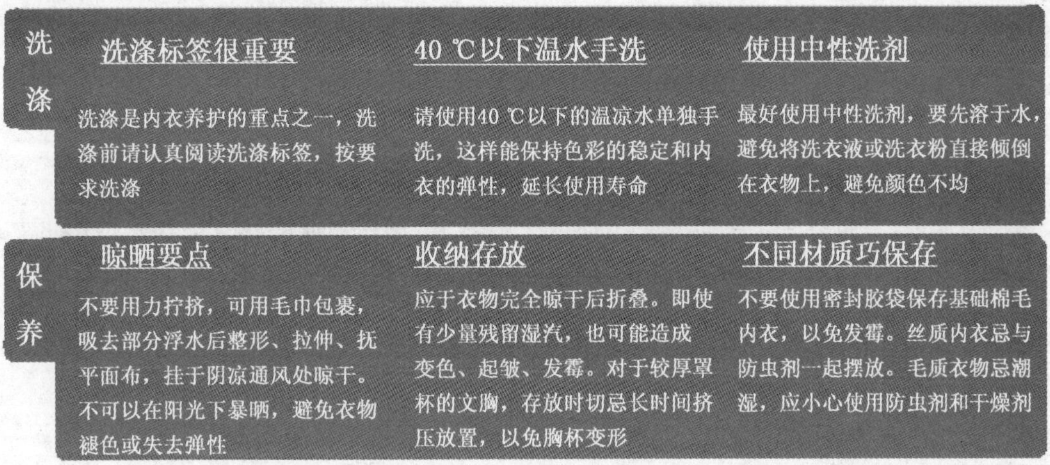

洗涤	洗涤标签很重要	40℃以下温水手洗	使用中性洗剂
	洗涤是内衣养护的重点之一，洗涤前请认真阅读洗涤标签，按要求洗涤	请使用40℃以下的温凉水单独手洗，这样能保持色彩的稳定和内衣的弹性，延长使用寿命	最好使用中性洗剂，要先溶于水，避免将洗衣液或洗衣粉直接倾倒在衣物上，避免颜色不均
保养	晾晒要点	收纳存放	不同材质巧保存
	不要用力拧挤，可用毛巾包裹，吸去部分浮水后整形、拉伸、抚平面布，挂于阴凉通风处晾干。不可以在阳光下暴晒，避免衣物褪色或失去弹性	应于衣物完全晾干后折叠。即使有少量残留湿汽，也可能造成变色、起皱、发霉。对于较厚罩杯的文胸，存放时切忌长时间挤压放置，以免胸杯变形	不要使用密封胶袋保存基础棉毛内衣，以免发霉。丝质内衣忌与防虫剂一起摆放。毛质衣物忌潮湿，应小心使用防虫剂和干燥剂

图8-4　内衣洗涤及保养

三、女内衣的存放

第一，存放前先检查内衣是否完全干透，以防发霉。尽量不要使用密封胶袋保存内衣，因衣物长时间封闭容易发霉。

第二，长时间保存内衣时，可以将它们一件件仔细叠起，将文胸的底面向上对折，只要不破坏原来的胸形即可。里衬最厚的放在上面，依序往下折放，防止厚衬的内衣因重压而变形，薄衬的内衣则无变形顾虑。可采用文胸专用收纳器保存，以更好地保持文胸罩杯形状。

第三，收放内衣时要单独存放，可放入除湿剂或一些干燥剂，切记不能使用樟脑丸等防虫剂，以免面料和松紧带失去原有的弹性。

思考与练习

1. 选购女内衣时应该注意哪些方面的需求？
2. 塑身内衣对女性人体有什么样的作用？试举例说明。
3. 在内衣保养方面应该注意哪些问题？
4. 以小组为单位进行2～3个内衣品牌的调查，并采用调查报告的形式，对该品牌的款式、材料、色彩和洗涤要求等进行分析。

参 考 文 献

[1] 鲍银俏. 织带机及产品的发展现状[J]. 现代纺织技术,2004,05:46-49.

[2] 曹慰曾. 经编起绒织物的织制[J]. 上海纺织科技,1982,01:26-28.

[3] 曹媛媛. 蕾丝装饰在文胸中的应用[J]. 艺术百家,2011,07:161-164.

[4] 陈红霞,蒋高明. 高档经编女内衣面料的开发[J]. 纺织导报,2003,06:108-114.

[5] 陈晓东. 文胸用经编间隔织物产品的设计开发[J]. 现代纺织技术,2013(01):20-22.

[6] 郝新敏. 功能纺织材料和防护服装[M]. 北京:中国纺织出版社,2010.

[7] 黄猛. 我国针织产品的发展方向(上)[J]. 北京纺织,2000,03:31-34.

[8] 蒋高明. 氨纶经编针织物的开发与应用[J]. 纺织导报,2004,06:102-108.

[9] 蒋高明. 经编女式内衣面料的生产与开发[J]. 针织工业,2004,05:27-31.

[10] 蒋高明. 现代经编产品设计与工艺[M]. 北京:中国纺织出版社,2004.

[11] 蒋高明. 辛普勒克斯经编织物的编织工艺探讨[J]. 上海纺织科技,1997,04:35-36.

[12] 凯迪·多米尼,赵晓霞译. 经典女性内衣设计[M]. 北京:中国青年出版社,2011.

[13] 刘岩,朱力军,张渭源. 针织内衣热湿性能研究[J]. 东华大学学报(自然科学版),
2001,27(04):105-107.

[14] 兰子薇. 时装内衣装饰创新设计研究[D]. 江南大学,2006:26-28.

[15] 龙冠芳. 绳带构成的图案在服装设计中的应用[J]. 广西轻工业,2011,09:155.

[16] 罗莹. 贴心时尚:内衣设计[M]. 北京:中国纺织出版社,2001.

[17] 马睛,蒋高明. 原料选择对拉舍尔花边性能和外观的影响[J]. 上海纺织科技,2006,34
(01):49-51.

[18] 缪秋菊,王海燕. 针织面料与服装[M]. 上海:东华大学出版社,2009.

[19] 缪旭红. 经编间隔织物在胸罩中的应用与生产[J]. 纺织导报,2002,06:33-34.

[20] 倪军. 针织服装产品设计[M]. 上海:东华大学出版社,2011.

[21] 齐德金. 服装面料应用原理与实例精解[M]. 北京:中国纺织出版社,2003.

[22] 任家栋. 保暖内衣面料起毛的研究[J]. 纺织器材,2010,02:68-71.

[23] 孙恩乐. 内衣设计[M]. 北京:中国纺织出版社,2008.

[24] 王革辉. 服装材料学[M]. 北京:中国纺织出版社,2006.

[25] 王林玉,王厉冰,刘辉. 基于人工神经网络的针织内衣面料保暖率预测[J]. 针织工业,
2006,03:60-62.

[26] 王晓. 氨纶经编针织物的生产[J]. 四川纺织科技,2002,05:27-28.

[27] 魏娴媛. 探悉绳带在服装功能性与装饰中的运用[J]. 大观周刊,2011,34:86.

[28] 吴济宏,于伟东. 针织面料的拉伸弹性与服装压[J]. 武汉科技学院学报,2006,19
(01):21-25.

[29] 吴惠英,刘尚楠.PTT 纤维无缝内衣的开发及拉伸性能研究[J].针织工业,2008,05：7-10.

[30] 杨汝辑.非织造布概论[M].北京：中国纺织出版社,2003.

[31] 印建荣.内衣纸样设计原理与技巧[M].上海：上海科学技术出版社,2004.

[32] 印建荣.内衣结构设计教程[M].北京：中国纺织出版社,2006.

[33] 印建荣,常建亮.内衣纸样设计原理与实例[M].上海：上海科学技术出版社,2007.

[34] 许期颐.经编毛圈织物的编织原理与机构[J].针织工业,1986,04：1-5.

[35] 沈兰萍.新型纺织产品设计与生产[M].2 版.北京：中国纺织出版社,2009.

[36] 沈蕾.针织内衣款式与装饰设计[M].上海：东华大学出版社,2009.

[37] 王健坤.新型服用纺织纤维及其产品开发[M].北京：中国纺织出版社,2006.

[38] 王建萍,张渭源.内衣针织面料缝迹性能研究[J].针织工业,2006,12：21-23.

[39] 徐勤,邹奉元,刘永贵.针织内衣的舒适性研究[J].针织工业,2007,07：31-33.

[40] 叶晓华,胡红,冯勋伟.经编间隔织物的应用与开发前景[J].针织工业,2005,02：1-2.

[41] 衣卫京,郭凤芝.PTT 纤维无缝内衣的开发与性能研究[J].针织工业,2007,02：26-28.

[42] 张增强.弹性织带生产中的问题分析与工艺调校[J].上海纺织科技,2009,02：46-48.

[43] 赵伟玲等.大豆蛋白纤维性能测试分析[J].棉纺织技术,2002,08：33-37.

[44] 赵轩,赵俐,戴志强,张玲.PTT 纤维无缝内衣的开发[J].针织工业,2008,05：3-6.

[45] 郑巨欣.染织与服装设计[M].上海：上海书画出版社,2000.

[46] 宗亚宁.新型纺织材料及应用[M].北京：中国纺织出版社,2009.

[47] 周璐瑛.现代服装材料学[M].北京：中国纺织出版社,2000.

[48] 朱松文,刘静伟.服装材料学[M].4 版,北京：中国纺织出版社,2010.

[49] 朱新卯,刘云霞.氨棉经编内衣面料的开发[J].针织工业,2007,01：23-25.

[50] 朱远胜.服装材料应用[M].2 版.上海：东华大学出版社,2009.

[51] 朱远胜.面料与服装设计[M].北京：中国纺织出版社,2008.